人生大事

吃喝二字

食與愛，都不可辜負！

李韜 —— 著

花飯、粉蒸、琴酒、它似蜜、昔歸茶……
或吃或喝，應有盡有！

吃 不是能吃，而要會吃。可是古人又說：「味之精微，口不能言。」
本書但說美食帶來之思緒，與諸君共享。

喝 不僅僅是飲酒，喝茶、飲湯，都是有一定的規矩的。若心能夠雲
淡風輕，就能在一碗滇紅裡品味如春天般的美好。

崧燁文化

目錄

吃・品味

3

目錄

飲・合德

目錄

吃‧品味

　　魏文帝曹丕《與群臣論被服書》中說：「三世長者知被服，五世長者知飲食。」這話翻譯過來，就是一句俗話：「三輩子學穿，五輩子學吃」。吃是一件多麼難學的事情啊！吃為什麼難？吃飽不難，難在吃得有意思。人和動物之不同，在於吃的時候的情致。不是能吃，而要會吃。可是古人又說：「味之精微，口不能言。」故而我不敢單純寫美食，但說美食帶來之思緒，與諸君共享。

吃·品味

荸薺、雞頭蓮和水紅菱

江南人自古水潤，他們把茭白、蓮藕、水芹、雞頭蓮、茨菰、荸薺、蓴菜、菱角合起來叫做「水八仙」。

「仙」屬於道教，道教尚「清」。昔日太上老君的凡世轉世老子不僅玩過「騎牛過函谷，紫氣自東來」的障眼法，還玩過「一氣化三清」的大陣勢。《封神演義》裡就有這麼一齣，寫太上老君為了要破通天教主的誅仙大陣，一推頂上魚尾冠，化出上清、玉清、太清三位化身的故事。這故事熱鬧，我小的時候特別愛看，覺得打來打去很精彩，後來長大了，重新認識道教，才知道自己錯了。所謂老君一氣化三清，不過是一種形容。目的就是說，萬法歸一，殊途同歸。這裡的老君也好，三清也好，不代表任何實際，而只說明一個「道」字。道無所不在，處處顯化。所謂三清，天地萬物，各個都有三清。三清只是一個從無而有、從有而無的過程。但是現在的人，都看字看表面，而不究其根本，故而強調一個「清」字也是好的。從內而外地清淨了，不是神仙勝似神仙。

江南自古繁華，富庶且多雅客，江南人並不十分羨慕神仙，倒覺得還不如腰纏十萬貫，騎鶴下揚州。所以，他們的做派和神仙差不多，吃東西也是清妙的。水八仙尤其如此，吃來吃去，總歸是一團清氣，化成無限妙不可言的鮮美。水八仙裡，我尤為喜歡的是荸薺、雞頭蓮和水紅菱。

雞頭蓮燒扁豆

雞頭蓮鳳尾蝦

荸薺荷塘鮮

荸薺，多生吃，但是家裡人總告誡我小心水裡的細菌。也是，時下水源汙染這麼嚴重，生吃還是不安全的。可是荸薺真是好東西啊，荸薺是寒性食物，既可清熱生津，又可補充營養，最宜用於發燒的病人，而且還可輔助治療急性的傳染病。不宜生吃，怎麼辦？煮熟了吃。最好的就是茅根竹蔗荸薺水。茅根和竹蔗都是中藥，清熱解毒，洗淨切段和荸薺一起煮水，一個小時就好，喝起來甜甜的，還有那麼一點功效。

雞頭蓮又叫芡實，芡實乾了磨成粉，就叫芡粉。做菜時勾芡一詞就來源於使用芡粉收汁，後來芡實的產量跟不上市場需求，才改成用蕃薯澱粉、馬鈴薯澱粉等其他東西來勾芡。芡實一般不為北方人所熟知。其實這水中的珍品集合了睡蓮的嫵媚、蓮花的風姿，而它的果實更是清香撲鼻，令人回味。每年六七月間是芡實開花的時候，八九月份芡實就成熟了。成熟的芡實不像蓮蓬是一個蓮台的模樣，承載眾生的苦，而是像是一個雞

頭，尖尖的喙，又佈滿了刺猬般的硬刺。所以，芡實又叫雞頭果、雞頭蓮。據《本草綱目》記載：芡實有「補中、益精氣，開胃助氣、止渴益腎」的功效，而到了清朝，芡實的食用更加廣泛，《隨息居飲食譜》載：「芡實，鮮者鹽水帶殼煮，而剝食亦良，乾者可為粉作糕，煮粥代糧。」新鮮的芡實最適宜與蔬菜清炒，尤其是甜豆莢，加上一兩朵黑木耳，豆莢的綠、木耳的黑、芡實的白，清麗的感覺連帶散開的一嘴鮮甜，觸人心弦。

水紅菱

菱角北方人接觸得就更少了。芡實如果是宋詞裡的婉約派，菱角只能說是宋詞裡信手拈來的小令。菱角的分類比較模糊，大部分是兩個角的，有人叫烏菱，外面是烏褐的硬殼；四個角的又是粉紅色的外殼的，成熟最早，名字就香豔得多了──叫做「水紅菱」。《松江府志》記載：「菱有青紅兩種，紅者最早，名水紅菱；稍遲而大者曰雁來紅；青者曰鸚哥青，青而大者謂餛飩菱，極大者曰蝙蝠菱，最小者曰野菱。」水紅菱生吃，汁水很多，有一種其他菱角比不上的香甜。

煮好的菱角

食臭

中國有些俗話，其實表達的是一種意思。

這些俗話，有「無味乃是至味」「曾經滄海難為水」「三十年河東，三十年河西」「情到濃時情轉薄」等。無味乃是至味，這得把多少珍饈美食吃成過眼雲煙，方能領悟啊。曾經滄海是因為見過大海的波瀾壯闊，故而不能被一般的河水溪流所吸引；河東和河西，有點世事無常的感覺，我覺得尤其適合時尚界。我看到奧蘭多‧布魯腳上穿的是一雙已經二十年不見的中國「飛躍」牌白球鞋，而自己腳上是一雙彪馬剛出的藍色小翻毛半高腰休閒鞋，我瞬間凌亂了——時尚變化快啊，這邊剛拋棄，那邊已捧起，心臟受不了啊；至於情到濃時，那往往撐不了太久，如果繼續撐下去，不是燒了自己，就是燒了對方，那要精神分裂的。

其實總而言之，就一箇中心意思——物極必反。用到美食上，有的時候臭到極致就是香。常見的能夠臭到極致的是臭豆腐、臭干子系列。那種頂風臭到八百里的直白，是一種把持不住的境界，有些人被熏得東倒西歪，有些人覺得得意洋洋。

且說點含蓄、不常見的臭。我自己喜歡的第一等的要數榴槤，馬來西亞的榴槤。一般人吃榴槤，多半是泰國貨。但頂尖的精品，其實產自馬來西亞。貓山王，更是其中的佼佼者。據說狸貓的嗅覺最靈敏，它所嗅過並且惦記的榴槤，那一定是最好的，加上這種榴槤往往產自山地，故名「貓山王」。其實完全是附會。

吃・品味

貓山王在馬來語中發音是「Musang King」，前一個詞音用廣東話發音近似為「貓山」，後一個詞意譯，意為「王」，合起來就是「貓山王」。馬來西亞的榴槤品種比如「紅蝦」「竹腳」「D24」等也都不錯，但都無法與貓山王相媲美。打開的貓山王，色澤透著金黃，香氣濃郁。放在嘴裡，是綿軟滑膩、入口即化的果肉，味道是苦裡回甜，充盈飽滿的滋味。要知道，苦甜是榴槤的最高境界！

每個馬來西亞人都有自己的一本榴槤經 —— 不要挑裂口的啊，那是不能吃的，都被工廠拉去作成榴槤糕；你掂掂它，就知道啊，好榴槤能感覺出來的；你去那家水果店嘛，切開不好的他會給你換啦，免費的……但是，在他們知道我們大都吃泰國榴槤後，所有人都會異口同聲地說：「泰國榴槤？怎麼吃？最好的榴槤是在馬來西亞啊，泰國的榴槤要提前摘下來，

貓山王

竹腳

泡保鮮水。現在是馬來西亞榴槤產季，快去吃吧，世界上最好的榴槤。」

這麼好的榴槤卻是不能上飛機的，據說會臭到飛機好幾個月都散不掉

臭鱖魚

紹興三臭

榴槤的氣味。吃過榴槤後，手指尖上的氣息也揮散不去，用香皂洗是沒用的。吃榴槤的時候留下榴槤殼，把水倒進果皮裡，略微等等，然後用來洗手，就能把味道去掉了。神奇的大自然，每個東西上都有令人類驚奇的某種平衡……

榴槤是熱性水果，故而不能多吃，吃多了很容易上火。所以，我也不常吃。

第二類我覺得不錯的臭是「臭鱖魚」。中國食物裡的臭，來源於發酵產生的特殊氣味，而這種發酵不侷限於植物性的食材，動物性的食材也可以創造驚喜，臭鱖魚是其中的代表。臭鱖魚屬徽菜，徽商跑遍天下，原本是為了運輸途中魚不腐爛變質，用淡鹽水灑在魚身上保鮮。幾天之後魚身變成銅綠色，但魚鰓依然是紅的，鱗也完整，只是有一股似臭非臭的味道。烹製後骨刺魚肉分離，肉質鮮美醇厚，與新鮮的鱖魚相比別有一番滋味。只是徽州人忌諱這個「臭」字，他們自己叫「醃鮮鱖魚」。

吃·品味

第三類我喜歡的臭，就是紹興的「臭」。紹興人比較愛用「霉」來稱呼這種鄉土發酵食品，裡面最有名的大概是霉乾菜。其實霉乾菜的臭味是很淡的，要在一整袋子裡才能聞到發酵的味道。還有的就是霉毛豆。類似於豆豉發酵的一種豆子，用來蒸魚非常美味。比較臭的就是霉千張了。我曾經點了霉千張燒肉，年輕的女服務生居然跟我說：「先生你能換一道菜嗎？這個太臭了……」再臭，也臭不過霉莧菜梗啊！在紹興，鮮莧菜一般在春季三月播種，按其葉片顏色的不同，有綠莧、紅莧、彩莧三種類型。鮮莧菜初長時極其鮮嫩，紹興人習慣炒著吃，用飯焐著吃，或涼拌著吃。鮮莧菜可以促進身體排毒，紹興人的俗話「吃了端午新鮮莧，酷暑日裡不起痧」，說的就是這個。六月以後的莧菜，其梗開始變得粗大，逐漸粗糙不堪吃，索性就醃了，成為紹興特別有名的霉莧菜梗。口感是滑滑溜溜的，也可以和其他的食材一起蒸，有一種不可名狀的鮮美。如果特別愛這一口，可以直接下飯，那也是極好的。

愛食臭的，不僅僅是華人。法國的白松露、日本的納豆、義大利的奶酪，都是臭而轉香的。若你愛，請深愛，臭的光明正大，就是難以言喻的香了。

淮揚好，干絲似個長

　　我爸媽退休後，一直想找個山清水秀的地方養老，後來舉家搬遷，從山西搬到大理。搬到大理後一切都很合心意，就連老陳醋超市裡都有很多山西的牌子。唯一沒有的，是山西的豆乾和北方的干黃醬。曾經一年從北京回一次大理的我，帶的主要的物品就是六必居的干黃醬，這個問題後來基本解決。可是豆乾確實不好帶，時間一長，其實也就半天時間，豆製品就腐壞變質了。父母總是說豆乾的問題，我才終於正視原來「豆乾」確實是個「問題」。

　　等對豆乾注意之後，我才知道豆乾確實也有很多種。一般廠家喜歡從工藝上來分類：滷豆乾、炸豆乾、熏豆乾、蒸豆乾、炒豆乾。滷豆乾最常見，豆乾的入味依靠滷水滷製；炸豆乾比較少，但是也很好吃，因為豆製品還是很「吃油」的，有的地方做的豆乾叫「油絲」，就是炸豆乾切絲；熏豆乾，一般生活裡就叫「熏乾」，使用煙燻工藝把豆乾加工成帶有熏香味的產品；蒸豆乾是用蒸煮的工藝入味，最常見的是素雞；炒豆乾是透過豆乾的炒製，達到複合味道的感覺，比如很有名的齋菜「甜辣乾」或者素火腿。但是現在在超市裡豆乾的加工工藝都比較複合，多種工藝結合製成一些素魚香肉絲、素鴨子、素牛肉等，倒也比較適合快節奏的生活。

吃·品味

　　問題是，還真沒有以前的豆乾好吃。雖然那種豆乾都很樸素，可是正因為樸素才有豆乾真正的美。山西太原最最傳統的豆乾是黑而硬的，用醬油和五香粉滷的，大理的豆乾都是白的，而質地卻又不夠緊密，吃起來韻味不足。我偏愛五香豆乾，因為味道比較濃郁。然而，白豆乾也不是不好，關鍵是看怎麼做，白豆乾製成干絲，或煮或燙，都是我大愛的美味。

　　干絲菜品做得好的是南京和揚州，都是我喜歡的城市。干絲菜品的做法主要有兩種，一個是燙，一個是煮。最出名的是煮干絲，其中最經典的是雞火煮干絲。這個「雞」是指雞肉和雞湯，「火」是指火腿。雞火煮干絲是由清代的九絲湯和燙干絲發展而成的。「九絲湯」中的「九絲」是豆干絲、口蘑絲、銀魚絲、玉筍絲、紫菜絲、蛋皮絲、生雞絲、火腿絲、雞肉絲，加雞湯、肉骨頭湯煎煮，美味盡入干絲。後來因原料繁雜，因陋就簡，就多用豆干絲、雞肉絲與火腿絲來作原料，又借鑑燙干絲的做法，反覆的汆燙，將干絲中的豆腥味盡除。做好的雞火煮干絲，干絲潔白，湯汁金黃，鮮美至極。

冶春的煮干絲

富春的燙干絲

蝦子燙干絲

共和春的燙干絲

但要說到原汁原味，不像雞火煮干絲那樣輔料的光環太過耀眼，而是純粹以干絲為主角的，是「燙干絲」。我在揚州，最喜歡的餐廳是揚州老三春中的「共和春」。富春茶社人滿為患，已經成為不可承受之重，故而菜品一塌糊塗；冶春茶社同樣如此，很難精細。共和春最土，現在已變成中式速食店，但最好的一點是人多，且是本地顧客為主，我倒覺得飯菜可口，透著人情味。共和春的燙干絲是明檔操作，能看見大姐把干絲反覆汆燙，放進盤子裡攪成一個塔狀，然後加上醬油、香菜等調味，雖然簡單，卻能勾起食慾。一嘗，果然不負眾望，干絲的味道很正，被醬油襯托得很好，然後又能慢慢分辨出蝦米的香，和干絲微微的腥配合得嚴絲合縫，最後壓著這個味道的是薑絲的辛香和香菜的異香，在細緻中顯出明豔的潑辣。

吃完燙干絲，信步走到我最喜歡的揚州園林 —— 個園中，看著竹影婆娑，心中的美好情愫澎湃的升起，綿延不息。

吃・品味

清香留君住：幾樣桂花吃食

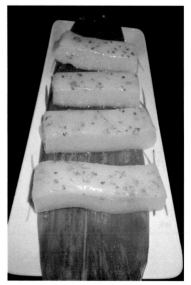

桂花拉糕

桂花糖芋艿

桂花糖芋苗

桂花藕

　　除了北京，我經常暫居的地方，總是會有桂花。

　　尤其是在大理，社區裡是不同品種的桂花，金桂、銀桂、四季桂，基本是你方唱罷我登場，在小路上走著走著，就飄來一陣濃郁的桂花香氣，香氣裹著我，讓我漸漸放慢腳步，停下心裡一切的急迫，臉上也會慢慢浮現微笑。鄭州的桂花也給我留下很深刻的印象。記憶最深的是一個冬日，彷彿還剛剛下了一場小雪，天空是灰濛濛的，地上的雪也是髒兮兮的，那時，我的工作和生活彷彿是沒有方向的混沌，只知道往前走，但這個「前」在哪裡？卻是不明白的。又是沮喪的一天，回到租住的社區，房子裡照例不會有吸引我回去的燈光，拖著腳步慢慢往回走，突然就聞到一股桂花的香氣，帶著凜冽的感覺呼嘯般地侵入我的胸膛。我覺得「我」回來了！我對桂花終歸是抱了感激的心。

　　摻有桂花的吃食基本都是我所愛。我想知名度最高的應該是桂花糯米藕。桂花小如金耳釘，自然不可能成為主料，但是一經沾染，自然會給食物烙上深刻的烙印，讓食物成為桂花系列。桂花糯米藕是把藕根兩頭切掉，灌上泡好的糯米，再把切掉的部分用牙籤和藕根穿好，上鍋蒸熟，待涼了切成薄片，淋上桂花糖汁子或者桂花蜜，清爽宜人，香氣熏拂，七竅玲瓏心全開，自是歡喜。夾起一片藕，絲絮纏綿相連，別有一番柔情蜜意。

吃·品味

我還喜歡兩種和桂花有關的吃食，都是南京做得好。南京這昔時的舊都，失掉或者不屑再去爭搶風光，只在自己的煙水氣裡活著，倒別有一番名士風流的餘韻。第一樣是桂花拉糕。桂花糕各地皆有，粉質的居多，桂花拉糕南京和上海多些。桂花拉糕是水磨糯米粉做的，滑潤如白玉，

表皮上星星點點的金黃桂花混在糖液裡，彷彿白瓷上上了一層透明釉。空氣中都是一絲絲的甜香，用筷子挑起時，糕底黏在盤中，糕就會在空中越拉越長，甚至會拉成一長條，故名「拉糕」。上海沈大成糕團店，在拉糕中加入了山西汾酒，便叫做「太白拉糕」。到了冬日，桂花也可以被換成應景的棗泥或赤豆；春夏時，又有玫瑰或薄荷之類的花色拉糕來捧場。但總歸是南京的桂花拉糕做得好些，是長方條，硬朗中帶著甜蜜。上海綠波廊的桂花拉糕也好看，是菱形塊拼成花型，彷彿比南京的膩。

第二樣是桂花糖芋苗。芋芳塊莖狀的母根俗稱芋頭，旁邊派生的小塊莖稱為芋仔，南京人把這個叫「芋苗」。桂花糖芋苗香甜軟糯，濃稠潤滑，湯汁紅豔，散發濃郁的桂花香，是暖心暖胃的甜品。傳統的做法是先用桂花糖漿熬煮芋苗，為了軟爛，加上一些鹼麵，故而汁水呈現紅色。然後加入上好的藕粉做成透明的芡，再放些紅糖，直到成就一鍋酥糯甜軟的江南甜品。

在南京，桂花糖芋苗和桂花糯米藕、梅花糕、赤豆酒釀小圓子被稱為「金陵四大最有人情味的街頭小食」，你看，其中帶桂花的就占了兩個。

從桂花鴨說開去

南京有幾樣吃食，是我很喜歡的，其中之一，是鹽水鴨。

中國人給菜品取名字，有著近似於狡黠的招數。我記得有一次去四川，在一個幾十年的老館子裡看菜單，有一道「經得拈」確實不知道為何物，很期待的點了一份。上來一看，開始是啞然失笑，後來簡直笑得前仰後合，我道是什麼，原來一盤油炸花生米是也，一粒一粒連夾十幾次，還是一大盤，果真經得拈。另外還有一些菜名，是中國人才能理解的，比如「四喜丸子」，英文剛開始翻譯成「四個歡天喜地的肉圓子」，太有趣了。

鹽水鴨，另外有一個名字叫做「桂花鴨」。

吃‧品味

　　我覺得兩個名字都好，鹽水鴨絕對是豪放派起的名，一語中的，直來直去。上好的小湖鴨，炒好椒鹽，細細地塗抹一層，哪裡都不能放過，然後放置十幾個小時入味，接著洗掉這些醃料，用接近於沸騰但是並不翻滾的水加上簡單的作料細細燉煮，熟了放涼就可以切塊裝盤，大快朵頤。「桂花鴨」這個名字，應該是婉約派起的名。最適合穿著旗袍的麗人，輕啟朱唇，夾一塊白嫩的鴨肉，吃下去，張嘴說話，接著便莞爾淺笑，甚至空氣裡都瀰漫如蘭似麝的香氣。桂花鴨還是鹽水鴨，非用桂花入味，還在於桂花開放時節，鴨肉最好，甚至都會沾染一絲似有若無的桂花香氣，便稱為「桂花鴨」。

金陵片皮鴨

鹽水鴨

金陵片皮鴨

南京烤鴨

　　南京亦是我喜愛的城市，不過它似乎從古至今都有些尷尬。歷史上的南京也是幾朝的古都，然而這些朝代大多是短命和偏安的。所以南京的名字也幾經變遷，「金陵」尚帶著紙醉金迷的名士風流，而「秣陵」已經讓我感到寒冷的冬意，甚至一片肅殺；「建業」倒是尚存著初生的豪邁，對未來的期冀。這片石頭城，王氣依然纏雜在滾滾紅塵之中，不過始終都籠罩著一層模糊迷濛的水氣。

　　明朝出身於南京，倒是一個比較強勢的朝代。開山的三位皇帝，除了夾在中間的朱允炆外，朱元璋和朱棣倒都是勵精圖治的。這兩位都愛吃鴨子。但從記載來看，他們愛吃的不是鹽水鴨，而是烤鴨。朱棣遷都北京，把南京的烤鴨也帶上了，北京才有了後世名聲大作的「北京烤鴨」，也才出現了掛爐的全聚德、燜爐的便宜坊這兩大烤鴨流派。

　　兩京的烤鴨淵源頗深，然而時間久了，發展的路數自然不同。北京的烤鴨往火烤之香的方向走了，南京的烤鴨往味汁的方向去了。南京人喜歡小糖醋口，這對增加食材本身的鮮味是非常有利的。南京烤鴨在乎的是配鴨肉吃的那一碗老滷汁的味道。明爐烤鴨在烤製時，鴨皮下要吹氣、鴨肚膛內要灌水，這樣才能形成外烤內煮，皮酥脆肉軟嫩。一旦鴨肉熟了，這一包汁水也鮮透了。趁熱把酒釀等倒進湯汁，淋上糖色、米醋、精鹽。不能加醬油增色，就是要原汁的醬色，這樣的紅湯老滷才叫道地。用鴨肉蘸著吃，鹹裡帶微酸，回味裡有鮮甜，鴨肉的美味就徹底地展現出來了。

吃・品味

吃鴨不吐骨頭

在北京要吃山西菜，我腦海裡第一個想到的還是晉陽飯莊。

一想到晉陽飯莊，第一個想到的是金永泉大師，第二個想到的就是我最想吃的香酥鴨子。

北京晉陽飯莊雖然是半個多世紀的老館子，也一直做山西菜，卻不能說是山西老字號。晉陽飯莊是一九五九創辦的。怎麼想起來在北京開個山西風味餐廳？我猜測這和清朝以來晉商頻繁地出入北京有很大的關係。

晉商作為中國十大商幫之首，在清朝那是名號響噹噹的。而且最主要的還在於晉商是金融業的先驅，晉商的票號（相當於今日的銀行）甚至一度成為清朝軍費開支的主要實際操作者。慈禧西逃後返京的第一道懿旨，也是著晉商即刻恢復金融匯兌，否則京城銀根太緊，已經周轉不下去了。北京菜系本身就是個拼盤，京畿重地招待十六方，這是自然的，山西菜，得有。

當時派到山西去學習的就是金永泉大師，幸虧金大師去了，連學習帶開發，總共有將近兩百道山西菜，這才讓我在京城可以得享鄉饌。在山西，反而是傳統的、上得了檯面的菜越來越少了。

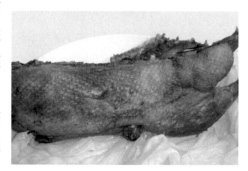

香酥鴨子是金大師來源於傳統而高於傳統的一道「山西菜」。香酥鴨子很

費功夫，要用當歸、砂仁、竹葉等十六種中藥，再加上醬油和料酒，醃製四個小時，再蒸四個小時，之後還要兩百度高溫油炸三次。炸的時候要「一脯，二背，三找色」，也就是先炸鴨胸，再炸鴨背，最後還要把整隻鴨子的顏色炸勻。做好的香酥鴨子要切塊食用，配椒鹽碟。香酥鴨皮脆肉爛骨頭酥，可以吃得連骨頭渣都不剩，香極了。

金大爺做的香酥鴨，曾經是老布希的最愛，他不僅常去晉陽飯莊吃，還打包帶回家。後來，布希一家還把金永泉大師的香酥鴨介紹給其他美國客人。兩位原美國國務卿舒茲和鮑威爾來北京，都點名要吃香酥鴨。

晉陽飯莊的選址挺有意思，在紀曉嵐故居。紀曉嵐在歷史上是個頗有爭議的人物，然而《鐵齒銅牙紀曉嵐》的熱播，已經在人們心中樹立了一個手拿大金煙桿、批閱《閱微草堂筆記》、編纂《四庫全書》、有鬼靈精怪的杜小月伴讀的詼諧聰明的紀曉嵐形象。我是無意做個無趣的歷史考據者的，所以只在乎故居里那一樹花雨飄逸翻飛、香氣迷離滿堂的紫藤和幾棵高聳入雲的山楂樹。

順便說一句，金大爺的北派丸子做得也是極好的。這北派丸子吃個「勁兒」，外酥裡嫩，焦香撲鼻，在晉陽飯莊裡叫「乾炸丸子」是也。

吃・品味

蠔情

上中學的時候，語文書裡收錄了一篇莫泊桑的《我的叔叔於勒》。我對於其中一段的印象太過深刻——「一個衣服襤褸的年老水手拿小刀一下撬開牡蠣，遞給兩位先生，再由他們遞給兩位太太。她們的吃法很文雅，用一方小巧的手帕托著牡蠣，頭稍向前伸，免得弄髒長袍；然後嘴很快地微微一動，就把汁水吸進去，蠣殼扔到海裡。」以至於忽略了老師所說的「藝術地揭示資本主義社會人與人之間的關係是純粹的金錢關係，而不是人與人相互幫助的美好生活的主題思想」。我知道老師

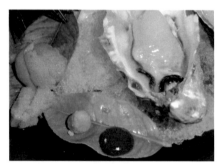

生蠔

潮州傳統的蠔烙

大抵對我是不滿的，但我仍然不斷地思索：這個牡蠣到底是什麼味道呢？真的那麼好吃嗎？

後來第一次吃到蠔的時候，去查「蠔」的資料，才知道牡蠣就是蠔，蠔就是牡蠣，這個困擾我多年的問題終於解決了。除了這兩個名字外，其實蠔在中國，也叫做蚵仔、蠣黃、海蠣子。比較有名的是橫琴蠔。橫琴是珠海的一個島，處於鹹淡水交界處，溫度適宜，水質乾淨，微生物豐富，是理想的天然蠔場。橫琴蠔以大、白、肥、嫩而出名。國外的蠔，我較喜歡加拿大的，滋味鮮甜一些。熊本蠔吃起來就有點不過癮，不是個頭的問題，而是

烤蠔

熊本生蠔（檸檬醋生蠔）

海苔煎裹小蠔

橫琴蠔

海鮮特有的腥甜不夠。

　　無論什麼蠔，只要是產地海水潔淨的都很美味。國外比較喜歡生吃，中國多是熟製，比如閩南人愛吃的蚵仔煎。但是不管生吃還是熟製，蠔一定要新鮮。小竅門就是一定要看看蠔和殼的連接部分是否還很牢固。除非人為的加工或者變質死蠔，蠔肉不會從貝殼上脫落。

　　除了蚵仔煎，其實我覺得作為一個北方人，我更喜歡吃烤蠔。可以選擇蒜蓉或黑椒口味，我自己喜歡蒜蓉的。烤過的蒜香融合生蠔的腥鮮，肥嫩滑爽，味道很好。

　　給我驚喜的是蠔粥。有人喜歡蠔粥的料豐富一些，比如加豬肝、海蟹等，我就喜歡清淡的。清淡的蠔粥就是白米和碎碎的蠔肉，加了鹽和細小的蔥花，味道單一而突出，我經常停不了口，一碗盡興而下。

　　不過我也承認，吃蠔，最高的境界還是生吃。如果是在產蠔的海邊，不用加什麼作料，連著一汪海水，從蠔殼裡喝起，在嘴裡略微咀嚼，隨即滑入肚內，最是舒爽不過。大部分食用生蠔基本是空運進口，這樣的話，我就喜歡擠入檸檬汁，一方面增加香氣，一方面也有一些殺菌的作用。

吃·品味

　　拿破崙用蠔來保持旺盛的精力，宋美齡也曾經用蠔來保持美麗的容顏，日本人稱蠔為「根之源」，《本草綱目》上說生蠔肉「多食之，能細潔皮膚，補腎壯陽，並能活虛，解丹毒」。我倒不把任何一種食品看得多麼神奇，因為畢竟不是藥，但每回看到蠔，我都會想念它那鮮美的味道，不由得蠔情澎湃。

情意似火腿

　　年輕男女彼此吸引，你儂我儂，往往情話連綿，情意似火。我倒寧肯情意似火腿。不是我俗，愛情如果總是熱情似火，只有兩個結果：一是燒死彼此，耗盡心力；一是熱度慢慢退去，徒留悵然。要真能做到似火腿，恰是中了上上籤。因為不論古今中外的火腿，都是需要長時間才能成熟，慢慢散發誘人的魅力。

金華火腿老店

雲南宣威火腿

葡萄牙產火腿

歐洲火腿拼盤

　　中國三大火腿 —— 金華火腿、宣威火腿、如皋火腿，如皋已經勢微。另外兩大火腿我倒都是喜歡的。金華火腿最好的是上蔣村所產，而最重要的是使用了「兩頭烏」。兩頭烏這種豬體形不大，也不甚肥胖，一頭一尾兩頭都為黑色，名字倒很形象。醃製成的火腿，皮薄骨細、腿心豐滿，瘦肉細嫩、紅似玫瑰，肥肉透明、亮若晶玉，配蔬菜則味道清醇，配豆製品則味道厚郁，實在是提味之至寶，美食之精粹。

　　宣威火腿是雲腿的代表，由當地土豬製成，然而風味獨特。雲腿講究「四祕」之法 —— 「割祕」是割腿時講究刀功，必須使用後腿，割成「琵琶」形，並將油膜剔除乾淨；「醃祕」是講究乘鮮醃，即所謂「血腿」，血不放盡，也不必乾燥；「藏祕」是講究保藏，陳腿三年不壞，滋味更佳；「食祕」是講究各種吃法，尤其具有雲南特色，比如火腿夾乳餅，火腿煮洱海魚等，更有意味的是雲腿月餅，鹹甜相配，香氣雋永。醃好的雲腿色澤不同，顏色紅豔如西班牙火腿的，是使用磨黑鹽醃的；顏色粉紅如義大利火腿的，是使用四川井鹽醃的。

　　國外能讓我接受的火腿，只有西班牙火腿和義大利火腿。外國火腿和中國火腿最大的區別有二：一是醃製火腿的豬皆肥大，二是食用時皆生吃。西班牙的高級火腿是伊比利亞火腿，要用黑腳豬，黑腳豬都是散養，再加上這種豬還愛吃橡子，因此肉質不似一般俗物。醃製時要使用海

吃・品味

鹽，醃製時間也比中國火腿的長，一般一年半的時間方才成熟。義大利火腿常見的是帕馬火腿。倒是比西班牙伊比利亞火腿便宜，使用體重超過一百五十公斤的豬進行醃製。醃製時除了使用鹽，義大利人還喜歡在腿肉外露的部分塗上以豬油、米磨成的粉以及胡椒混成的脂肪泥，防止火腿乾硬。之後則是熟成的過程，由自然的溫度和溼度變化來熟成，通常時間會超過一年，而越是重的火腿就越經得起久存，風味也就更好。上好的帕爾瑪火腿至少在九斤以上，有一層非常厚的皮下脂肪，切成薄片後，香味細緻，口感柔嫩，並不十分鹹，回味豐富。

生吃的外國火腿也不錯，可以直接片成薄片來吃，也可以裹著蜜瓜一起吃，味道對比中兩種不同的細膩口感交融，卻也很美味。

蜜瓜火腿

火腿月餅

雲腿乳餅

陷在「丼」中

「丼」字是中國首創，不過現今基本不用，其實也並不可怕，並不是所有的老東西都應該、都可能保留下來。關鍵問題是這個「丼」在中國字裡用不著，它有兩個意思：一個通「井」，另一個指東西掉進井裡的聲音，所以第一個意思時讀「警」，第二個意思讀「洞」。但是在日本，這個字的出現機率很高，因為日本的料理種類和做法實在有限，所以有些東西恨不得變出花來。比如蓋飯，實在是太普通了，他們就弄個字來表示，這個字就是「丼」，倒也形象，一個大碗裡有飯和菜，不就是圍起來中間一點麼？

所以，日本的「丼」和蓋飯也有一點區別，要用陶碗，不能用瓷的，瓷的胎薄，散熱快。另外陶碗要比一般的飯碗深，盛二分之一到三分之二米飯，上面蓋著加工好的菜，傳統上還要有蓋子，不過現在都不用了。

根據蓋著菜的不同，丼的命名也不一樣。比較多的是「親子丼」。親子丼最早就是雞肉加雞蛋的蓋飯，因為雞肉理論上是雞蛋的爹媽。不過很難保證完全正確配對，因為一隻雞會製造數量很多的雞蛋，但是，雞蛋是雞下出來的，所以雞是親，蛋是子，就可以叫做親子丼。後來，從親緣關係上推而廣之，凡是有親子關係的，都可以叫做親子丼。北海道的親子丼，如果不特別要求，一般就是鮭魚加上鮭魚卵的蓋飯，因為鮭魚和鮭魚卵也是親、子嘛。不過倒是比一般親子丼要貴得多，雖然鮭魚製造魚卵的數量比雞製造雞蛋的數量還要多得多。

吃・品味

　　我不愛吃親子丼，鮭魚的吃不起，雞肉的又不愛吃。同樣是吃飼料長大，但牛肉的味道要好於雞肉的。雞肉是一定要去深山老林而又有人家的地方去找一隻土雞的，否則不如不吃。牛和雞蛋沒有任何親緣關係，就像陌生的他人一樣，所以牛肉和雞蛋配合的蓋飯，就叫做「他人丼」。當然，除了雞肉之外的任何食材加上雞蛋的蓋飯，也都可以叫做「他人丼」的。

中華丼

　　不過我還是愛吃牛肉的他人丼。其實做起來也簡單。把甜一些的洋蔥切成細絲，香菇也切成薄片，用油炒了，香菇變軟時，加入味噌汁、日本醬油，然後把牛肉薄片放進去炒，加一點日本清酒，出鍋前加一點糖，提出甜鮮味道，然後把雞蛋打散淋上去，再翻炒幾下，就可出鍋。連菜帶菜汁淋在丼碗裡的米飯上，一份他人丼就做好了。自己做的時候，如果沒有味噌、日本醬油和清酒，也可以用豆瓣醬加水調稀，滴幾滴老抽，加一小勺白酒調味，味道也一樣的好。

海鮮丼

　　蓋飯的好處就是簡單而又不單調，因為米飯幾乎可以搭配任何的材料。除了親子丼、他人丼，當然也會有牛丼、豬排丼、鰻魚丼、燒鳥丼、天婦羅丼等。日本人管烤叫做「燒」，把雞叫做「鳥」，燒鳥就是烤的雞肉塊，你可別美滋滋地等著燉隻大雁給你吃。不過日本人本身倒是很重

視豬排丼。日語中，豬排「豚カツ（TonKaTsu）」的後面兩個音與勝利「勝つ（KaTsu）」發音相同，因此在大考與比賽前一晚，日本人常常會吃豬排蓋飯來討個吉利。看看，不管在哪裡，即使食物不盡相同，人們還都是一樣迷信的。

成為叉燒，是瘦肉的光彩

我好像一直不怎麼能吃「硬菜」，那些大魚大肉的東西，我不牴觸也不欣賞，一切隨緣。生平認為最好吃的是騰沖忠孝寺的素齋 —— 那種現摘的蔬菜帶著大地無可描摹的美妙氣息而和萬物靈長無比的契合。

即便是吃肉，鑑於自己身上肥的部分已經比較多，我也更多地傾向於瘦豬肉或者非豬肉類的肉食。但說實話，瘦豬肉從質感上來說確實比不上肥豬肉。瘦豬肉是了無生趣、枯木依寒巖，而肥豬肉卻是溫泉水滑、凝脂自香豔。香氣上也是如此，瘦豬肉暗自生塵，肥豬肉卻香氣四溢。

純瘦的豬肉要想好吃，我覺得只有叉燒一途。「叉燒」一詞，開始不過是可有可無帶點無奈的借代 —— 把肉用叉子插著燒就叫叉燒；後來卻能夠成為一種製作技法或者味型的混合定義，那卻是「天生麗質難自棄」了。

叉燒最常見的還是豬肉，要用里脊肉，基本上是全瘦肉。瘦肉如何才能不柴？必須增加表面的潤澤以及適當地保有內部的水

吃・品味

分，但是瘦肉無法像肥肉那樣透過分解油脂產生香氣四溢的汁水，所以必須使用外來的輔助品，因此，叉燒醬就出現了。

好的叉燒醬要用到十幾種原料，一般都有大蒜、五香粉、豆腐乳、芝麻醬、蠔油、麥芽糖、料酒等，當然也會有色素。色素可以保持叉燒美好的色澤，畢竟美好的食物令人難忘的是味道，而能抓人眼球的是色彩。傳統的天然色素就是紅麴，生子後可以用來染成紅雞蛋分享給友人四鄰的那種東西，對人體是安全的。

里脊肉分成長條，塗抹叉燒醬，最好醃製兩遍，每遍幾個小時，也可以在叉燒醬裡再添加些蜂蜜，味道會更好。醃製入味的肉條就可以叉烤了，不用叉子也行，叉烤的目的就是為了四麵烤製均勻。烤好的叉燒，色澤紅亮，切片後片片勁挺，邊緣紅潤誘人，而內裡又能看到瘦肉清晰的肌理，味道是甘鹹交融，唇齒留香，耐人尋「味」。我也試過加一點陳皮丁一起烤的，味道更是複合悠長，誘人追尋。

除了常見的廣式叉燒，廣東還有一種脆皮叉燒。在廣州塔的小蠻腰之下，有一家新開的炳勝，我是在那裡嘗到了脆皮叉燒。炳勝的脆皮叉燒不是片狀，而是切成長方塊，主要是上表皮是一層薄脆的豬皮，色澤金紅，脆香如烤乳豬皮。中華料理的美食展現的是既綜合又對比，從質感上來說，如果表皮是爽脆的，那麼內裡一定追求嫩滑，這一點脆皮叉燒確實做到了。但是相對來說，脆皮叉燒的油膩程度比一般叉燒大，我倒還是更喜歡傳統的廣式叉燒。

脆皮叉燒

三星拱照

廣式叉燒

叉燒系列的除了豬肉，還可以叉燒排骨，除了主材料選用的是豬肋條，其他的都和叉燒肉製法一樣。其實這不過是一種簡單的延伸，我覺得真正的延伸產品是叉燒包。

叉燒包因為使用了叉燒肉，終於「力排眾包」，成為包子類產品中的一朵奇葩。叉燒包可以說是廣東早茶必選項之一，和蝦餃、乾蒸燒賣、蛋撻並稱廣東早茶的「四大天王」。叉燒包外皮雪白，綿軟微甜，頂部裂口，露出黏稠的醬汁和小塊的叉燒肉，香氣濃郁，勾人食慾。不過叉燒包本身比較甜，可能更適合南方人的口感，或者是在飲掉一盅濃釅的功夫茶之後食用。

吃‧品味

「詐馬」不是馬

元朝時，宮廷盛行「詐馬宴」。詐馬宴是最高規格的宮廷宴請，屬於「內廷大宴」，能參加詐馬宴那是非常榮耀的一件事。查有關史料的食單，詐馬宴上的吃食有：「羊膊（煮熟、燒）、羊肋（生燒）、獐鹿膊（煮半熟、燒）、黃羊肉（煮熟、燒）、野雞（腳兒、生燒）、鵪鶉（去肚、生燒）、水扎、兔（生燒）、苦腸、蹄子、火燎肝、腰子、臍肉（以上生燒）、羊耳、舌、黃鼠、沙鼠、搭剌不花、膽、灌脾（並生燒）、羊肪（半熟、燒）、野鴨、川雁（熟燒）、督打皮（生燒）、全身羊（爐燒）」等。看了半天，沒「馬」什麼關係啊。後來一問，「詐馬」是蒙語的音譯，現在多翻譯成「昭木」，其實是一個蒙古語詞，是指褪掉毛的整畜，意思是把牛、羊家畜宰殺後，用熱水褪毛，去掉內臟，烤製或煮製上席。元朝的時候也有烤全牛的，肯定更壯觀，而流傳到現在，最出名的就是烤全羊了。

最初的烤法很簡單，據《蒙古祕史》等史書記載，成吉思汗時代，蒙古軍隊打仗造飯，經常搭一個三角架子掛一隻整羊烤著吃。而《元史》也說，蒙古人「掘地為坎以燎肉」。到了元朝時期，蒙古人的生活開始比較安逸，所以肉食方法和飲膳都有了很大改進。《樸通事‧柳蒸羊》對烤羊肉作了較詳細的介紹：「元代有柳蒸羊，於地作爐三尺，周圍以火燒，令全通赤，用鐵芭盛羊，上用柳枝蓋覆土封，

以熟為度。」烤全羊一直延續至今，在清代，各地蒙古王公府第幾乎都用烤全羊招待貴賓，是高規格的禮遇。

　　烤全羊之所以聞名遐邇，最主要的還是因為好吃。你想，把羊肉烤得毫無膻味，像烤鴨般美味，又不像烤鴨那樣小裡巴氣的，管夠大口吃肉，多爽啊！烤全羊怎麼做才能好吃？首先是選用肉質好的羊，要選擇膘肥體壯的四齒三歲以內的羔羊，最好是一年半的羊。內蒙古的羊多吃沙蔥，本身肉質細嫩少膻。其次是屠宰時必須採用攥心法，即從羊的胸部開刀，把手伸入羊腔，攥捏其心臟致死，用這種方法殺死的羊不會大量出血，其肉特別可口。羊宰殺後不用剝皮，而是開膛取掉五臟和下水，洗淨後用開水燙去羊毛，再用鹼水內外洗淨。烤製之前在羊的胸腔內放入各種佐料，四肢向上，羊背朝下，用鐵鏈反吊起來，放入爐內烘烤。爐子

是用紅磚砌成，上面是穹隆頂，羊整理好形狀後從烤爐上部側口吊入。烤製的時候要關閉天窗和爐門，借用爐內高溫，慢火烤炙，這樣不但能使羊腹中的佐料味逐漸滲透於羊肉之內，同時能使羊肉熟透。這幾年為了加快烤羊速度，也有把羊放在烤盤上用大電爐子烤的。

　　烤好的全羊要以羊羔跪乳的姿勢擺入長方形大木盤內，嘴叼大綠芹菜或者香菜，頂部戴一紅綢緞花。上桌後，由尊貴的客人先在背部劃一十字刀口，意為已經切開，再由專人將羊剖卸成小塊。一般配乾辣椒味碟蘸食。這樣的烤羊肉，外皮焦酥、油潤紅亮，吃起來酥脆香嫩，毫無腥羶，肥而不膩，吃後口腔內長久迴盪著香美之感。

　　其實新疆也有烤全羊，維吾爾語叫「吐努爾喀瓦甫」。做法類似，只是要先用調料製成糊塗抹羊坯進行入味醃製，然後用類似囊坑的爐具烤製。新疆烤羊時不吊起，而是用酒杯口般粗的木棍一以貫通，兩頭斜立在地上和爐壁上烤製。其味道也很好，並且孜然的香氣更突出。

粉蒸

　　米粉什麼時候入饌的，我未查到資料。但是想來應該是源於南方稻米產區，北方不產稻米，粉蒸顯得有點浪費。

　　粉蒸以前的技術含量很高，因為要不同的食材配不同的調料，還要用石磨把米研碎。現在超市裡都有粉蒸料，倒是簡單了很多。簡單工業性的好處是標準化，標準化的問題是沒有了粉蒸的美味，或者說起碼不會有驚喜。

　　我的主業是管理培訓，管理的很大一部分工作是標準化。標準化的好處是一致性，作為一個企業來說，需要標準化。否則，你在這家麥當勞吃到的漢堡是圓形的，換了一家麥當勞變成了三角形的，顧客心裡該充滿疑惑了 ── 這不是同一家吧？但是作為美食體系來說，又不能標準化。所以你看，美國可以出現麥當勞、肯德基，兩個速食品牌打天下，投資人很高興，民眾也沒有意見。可是美國永遠出現不了在烹飪史上可以留下一筆的美食。我曾經和一個法國知名的大廚聊天，他說西餐是有配方的，可是他又說，真正的美味都在不經意間。話說回來，超市裡的粉蒸料做出的粉蒸菜是不是能吃？絕對能吃！是不是美食？你敢說它是美食，我絕對要懷疑你的審美能力。

　　美食和工業化天生是矛盾的。美食是一種情意，它在精心準備、充滿感情的製作過程裡醞釀和發酵；工業化是一種效率，它為的是完成吃飯這個任務，目的是完成，不是吃了什麼。但是美

吃・品味

食和工業化又和諧存在著，因為上班時的飲食可以工業化，但是居家的飲食，還是不要那麼懶吧，起碼我們在學習著如何表達自己真實的情感。

粉蒸肉

粉蒸菜很重要的是做粉。用稻米，也可以加一點糯米增加口感，加上大料、桂皮、乾辣椒、花椒等調料，一起放入鍋中，不用油，小火不停焙炒。待到稻米顏色變黃時，加入鹽，繼續小火焙炒。一直炒到米粒焦黃，大料、花椒都有焦香味道的時候，即可關火。沒有石磨，家用食物研磨機也是可以的，把炒好的材料一起倒入研磨機反覆打磨，直到米粒還有部分粗顆粒的時候，蒸肉米粉就做好了。等米粉涼後，將它們裝到密封袋或密封盒裡保存，隨取隨用。

粉蒸牛肉

再往下就比較簡單了。把食材切片，趁著水分潤澤的時候拌入米粉，揉捏沾勻，就可以上籠蒸。蒸到肉熟，並由裡向外浸出油脂，讓米粉上有油脂的光澤就可以出鍋了。撒點蔥花，一片紅豔裡襯著點點綠，空氣裡都是米粉特有的香氣，胃裡立刻就活絡了。

我吃過的米粉菜裡面，對四川成都的小籠粉蒸牛肉和雲南大理的清真粉蒸牛肉最感興趣。說起四川小籠牛肉，那別的地方沒法比，不但要加郫縣豆瓣等特殊的調料，小蒸籠也很可愛，牛肉

上面還點綴一撮香菜，水靈靈的鮮。牛肉的味道很濃，粉也質感香沙，辣得過癮。大理的清真粉蒸牛肉，我覺得是古城裡一家叫做「金樹」的餐廳做得最好。下面墊的是乾豌豆，牛肉很爛，不是辣味的，更能嘗出米粉的穀物香氣，還有乾豌豆下面糯糯的一糰粉，確實搭配得非常對味。

「嫩模」六月黃

嫩模大鬧香港書展，一時坊間群情激動，斯文掃地。我個人對嫩模不感興趣。什麼年齡做什麼事情，不是什麼都適合跨界。那麼多想跨「時間」的界的人，不是發了瘋，就是意外死，秦始皇做不到，誰都做不到。不過以前是想長生，現在是想提前幹本還沒有輪到的事。嫩模就是一群小女孩非要做熟女的事，裝來裝去，總覺得是不正常的性化，好像主要是迎合戀童癖的口味。

不過美食界的這種現象我倒可以容忍，因為事實告訴我，有些嫩的原材料確實給人不一樣的驚喜。比如小嫩豆，是未長成的蜜豆種子，帶著原始的還在萌發的嫩意，在口腔裡仍然顫顫巍巍的，彷彿觸碰即碎，帶來不可思議的植物的氣息。動物裡面最出名的「嫩模」大概就是乳豬，不過我總覺得好像又有點太過殘忍。倒是六月黃讓我念念不忘。

六月黃就是還沒有完全長成的大閘蟹，等不及秋風起，人們就把小蟹拿來食用，可以用醬油蒸，也可以裹麵糊炸。我還是

吃・品味

最愛清蒸。其實真到了螃蟹成熟時我倒未必那麼渴望。從小在北方長大，習慣了直來直去的飲食，擺弄半天吃到嘴裡只不過蛋黃般大的東西的大閘蟹，對我來說不如一塊充滿鮮美肉汁的牛排或者一條表面烤得黏稠如蜜糖的河鰻。六月黃是個例外——它有那麼美妙的、流動的黃膏啊，鮮美得妙不可言。就算吮指出聲，那油潤的黃色仍然流連在指間不會輕易褪去，用年輕的生命迸發的鮮美讓最挑剔的美食家都會沉默不語、回味恬然。

六月黃還有一個好處——不需要使用「蟹八件」。那一堆的小錘子、小剪子、小撬子、小叉子、小勺子……只適合菊花沒了做「雅集」。烹煮菊花有點焚琴煮鶴的惡俗，便約了好友，蒸一籠大閘蟹，看著菊花滿園，慢慢熱了花雕酒，大家邊說話、邊聽曲、邊看戲，一

大閘蟹

邊慢慢整治那些螃蟹。這不是為了吃，這是為了「雅」。雅事之所以為雅事，其中之一的因素就是不可時常為之。在平常，我最

佩服之一的就是某某吃一隻螃蟹用時兩小時，且殘餘物優美無比，絕無狼藉之感。這種心無旁騖、一念不亂的境界，一直是我在唸誦經文時追求而不可得的。

六月黃的皮殼還軟得很。輕咄即爛，又不會渣滓滿口。用力一吸，膏黃滿嘴，油潤香嫩。突然想起小時候的神話故事，妖怪們總是樂於蒸些嬰兒來吃，大概道理和吃六月黃差不多。一時間覺得自己嘴裡的牙也長了起來，齜出唇外，不由得咧嘴笑了。

龍蝦：一夜魚龍舞

辛棄疾是我最喜歡的詞人。想必是個好兒郎，既有醉裡挑燈看劍的風流倜儻，又有山水光中過一夏的灑脫，還有氣吞萬里如虎的豪氣。然而英雄自有柔情，我最愛的，還是他那首《青玉案·元夕》。

那個元宵，一定是燈花爭豔，清輝皎皎。一陣風吹過，不知哪個角落裡飄出悠揚婉轉的簫聲。如此繁華，卻有清音，吹落星如雨。循聲而去，熙熙攘攘，不知玉人何處。正惆悵間，意欲緩歸，卻在朦朧光影裡看見帶著幾分孤寂卻又玉光流轉的那個人。辛棄疾寫詞水平之高，亙古未有，縱有溫庭筠的深密，仍不能撼動辛棄疾在我心中的位置。不過我讀這首詞的時候，卻老走神。還是太愛玩，一句「一夜魚龍舞」，讓我的心直癢癢，恨不能跳進那個元宵夜，搶一個舞龍的位置，也狂歡一個晚上。

吃・品味

不知怎麼的，有人請吃龍蝦，我突然腦海裡就閃過這首詞。看看，不僅僅是走神了，簡直直向「焚琴煮鶴」的深淵滑去。可是，我真的喜歡吃龍蝦啊。名貴的食材裡，黑松露我並不特別喜歡，總覺得有種腐爛的木頭味道；鮑魚雖然彈牙，卻吃得不夠盡興，還不如粗柴火細細燉了的紅燒肉；魚翅、燕窩都顯得殘忍，不吃也罷。龍蝦就不一樣，名字豪氣，可是畢竟不是龍，吃也吃得。最美妙的是龍蝦肉的質感。相比同為貴重食材的深海魚肉來說，龍蝦的肉質清爽，帶著恰到好處的彈性，但是又不會出現象鮭魚那種過於肥腴、過於「融化感」的不足，在口感和質感上都占了上風。

老北京炸醬波士頓龍蝦麵

活拆龍蝦肉配油炸珍珠菜葉

一般龍蝦已是如此，更何況「百蝦不遇一隻」的藍龍蝦。最好的當然也是最貴的藍龍蝦出產自布列塔尼。即使在法國料理中，布列塔尼都是一個代表著奢侈的地名，那裡的特殊地貌，使得海水溫冷交替，浮游生物的營養豐富，自然增加了龍蝦變身為

藍龍蝦的機率，也把藍龍蝦養得更加肥美。相比其他龍蝦，藍龍蝦的成長期較慢，平均要七年時間，蛻殼三十至三十五次，才能長到三十釐米長、九百公克重，生長速度比波士頓龍蝦足足慢了一半。

藍龍蝦是上天恩賜的食材，跟其他龍蝦不同的是，藍龍蝦的年紀對肉質並不會產生多大影響。不論大小，藍龍蝦的肉吃起來都那麼豐厚、鮮嫩、醇濃、爽甜，一入口就能感受到那股濃郁豐美的龍蝦味，甚至還帶有鮮美的牛油味和隱隱的海洋鹹香。

龍蝦可以說得上是品種最多的食材，除了藍龍蝦，常食用的還有花龍蝦、青龍蝦、澳洲龍蝦和波士頓龍蝦。花龍蝦的頭、胸甲前、背部均有花紋，最適合做龍蝦球。香港人和廣東人相信過年時吃花龍蝦會生意興隆，生龍活虎，所以花龍蝦到了年末歲尾價格都會漲；青龍蝦外殼呈現青綠色，體型也比花龍蝦小，但是外殼薄，肉鮮爽而甜，味道更香，蝦母特別多膏，價格也要更貴，最適合開邊後用蒜蓉蒸；澳洲龍蝦全身橙紅，肉質並不出眾，但是價格便宜，很適合鐵板燒；波士頓龍蝦最顯著的特點是和身體比例不協調的大螯，雖然無膏，肉質還是比較細膩，最適合加白葡萄酒料理。當然，中餐裡龍蝦還可以用泡菜煮、用豉汁蒸或者直接做龍蝦刺身。要知道，每個廚師看到龍蝦，都會湧出無限的創作慾望。愛上龍蝦，詮釋美妙的口感，讓鮮美的滋味洶湧而出吧！

吃・品味

剝皮魚：名賤未必價值低

超市裡有種海魚，外形類似武昌魚，看起來銀鱗閃爍，價格也不貴，不過，名字就比較可憐 ——「剝皮魚」。剝皮魚是什麼魚？誰和它有如此深仇大恨，非要扒皮食之而後快？難道，是類似油條叫做「油炸檜」？

其實，我倒是還挺喜歡吃這種魚的。做起來也很方便，因為一般都是頭和內臟已經去除，所以買回家，直接在魚身上劃幾刀，切點薑皮，撒點料酒一醃就可以燒了。剝皮魚不算腥，可以先炸，也可以直接燒。鍋裡下油，炸點大料。額外插一句，大料一定要炸，否則香氣很難釋放出來。然後下蔥片、薑絲，炸點辣椒，加入生抽一撞，再略加水，加點老抽上色，剝皮魚下鍋，燒開收汁，出鍋前拍幾瓣大蒜，扔進去一翻，即可裝盤。大蒜一定要用拍的方法弄碎裂，否則大蒜辣素難以釋放完全，既不香也不營養。

剝皮魚的肉其實很嫩，因為身體小而成薄片狀，也容易入味，據說含有較多的蛋白質，且脂肪含量極低。剝皮魚所含的不飽和脂肪酸對控制人體血液黏稠有很好的作用。

說了這麼多，剝皮魚就是馬麵魨。有綠鰭的，也有黃鰭的，和八旗兵一樣，都是用顏色分的。超市裡見到的剝皮魚，大概就是馬麵魨的二分之一左右，頭眼、內臟、還有那一層麵如砂紙的魚皮已經被扒去。

在以前，人們認為剝皮魚皮厚不可食，因此將打撈來的剝皮魚埋在橘子樹下，結果橘樹花香怡人，碩果纍纍，今天看來，也是趣事。

糊裡糊塗的「辣椒麵糊塗」

河南很多小吃都叫糊塗，比如糊塗麵或者麵糊塗。糊塗麵屬於麵食，用小麥麵做成麵條，加其他作料製成，吃到口中能感覺到一顆顆麵粒，很有口感，河南人稱糊塗麵條。麵糊塗，或者就叫糊塗，我覺得其實它應該算作粥湯類的。反正是各種蔬菜和麵條一起煮了，還要放饊子碎、香菜、干絲等，類似於玉米麵糊做的河北的「和子飯」。說到這裡，您糊塗了沒有？在河南，不管叫不叫糊塗，很多稀的小吃都是糊裡糊塗的。比如胡辣湯，糊裡糊塗；比如豆沫，糊裡糊塗；再比如，就是這個辣椒麵糊塗了。

辣椒麵糊塗正規的叫法是「老麵饅頭蘸糊塗」，我是在濮陽

貴合園吃的。做法也不算複雜，鍋上火入底油，放入蔥花和乾辣椒炸至微糊並出香，加入五花肉粒煸香，添少許高湯，下入白菜絲和泡好的圓粉條，加上鹽、味精、雞粉、老抽、蠔油、十三香、油辣椒圈等調料燒開。另將炒麵加水攪成糊，倒入鍋中勾濃稠芡，盛入碗中，麵糊塗就做好了。上桌給客人吃的時候，再配上質感實在的老麵饅頭即可。

這道小吃，鄉土氣息濃厚，老麵饅頭噴香，蘸上麵糊塗或者把饅頭掰成小塊泡進糊塗裡，味道鹹香濃郁，微辣爽口，十分下飯。

其實在中國，「糊塗」在很多時候是很有深意的一個詞。老百姓的話就叫「揣著明白裝糊塗」，這關鍵看你什麼時候裝。季羨林大師的解釋就更上一層樓了。據說有一次溫家寶去看望他，說他寫的文章很好，說的都是真話。季老說：「要說真話，不講假話。假話全不講，真話不全講，」並且還加了一句：「就是不一定要把所有的話都說出來，但說出來的一定是真話。」你看，大師就是大師，看事情看得非常明白。

鄭板橋鴨糊塗

老麵饅頭配糊塗

　　說到這種「糊塗文化」，亙古至今有一絕的應該是鄭板橋的「難得糊塗」。老先生說：「聰明難，糊塗難，由聰明而轉入糊塗更難。退一步，放一著，當下心安。非圖後來福報也。」這是一種修行了，境界更高。

　　老先生的糊塗也有境界很高但平民百姓夠得著的。袁枚《隨園食單》裡有一道「鴨糊塗」，據說和鄭板橋有很大的關係。這鴨糊塗怎麼做？袁枚說得很清楚：「鴨糊塗用肥鴨，白煮八分熟，冷定去骨，拆成天然不方不圓之塊，下原湯內煨，加鹽三錢、酒半斤，捶碎山藥，同下鍋作纖，臨煨爛時，再加薑末、香蕈、蔥花。如要濃湯，加放粉纖。以芋代山藥亦妙。」「粉纖」就是粉芡，勾芡是也。今天在南京等地還能吃到鴨糊塗這道菜，做法與袁枚的描寫類似。

　　鴨糊塗的玄妙，在於主料不方不圓，味道不濃不淡，形態似羹非羹，似湯非湯，加上山藥經切碎煨煮，也呈糊狀，看起來真的是一片糊塗，可是又不是真的糊塗，在多料混合之中，達到濃淡均衡之質，嘗出五味調和之妙，是真的「難得糊塗」啊。

灶頭的奧妙：奧灶麵

　　第一次吃到奧灶麵，是在蘇州。

　　蘇州，我最愛的其實是虎丘。蘇州的新區和舊城給人兩種強烈的對比，讓人可以截然地分開來。工業園區是誇張的繁華和壓

吃・品味

抑，雖然蘇州有不少地方都能看到仿製的黛瓦白牆，但卻缺少了幾百年的歷史滄桑和那份厚重帶給人的心安。

虎丘旁仍有一條可以搖櫓行船的小河，兩旁是臨街倒影的小樓，凸顯水鄉風情。信步走去，別處是愈有陽光愈燦爛，這裡的陽光卻發不了威，斜斜地射在巷子一側的牆上，再難以下行，反而剪裁出下面更暗的幽深，襯得斑駁剝落的青苔，陰溼得要滴出水來。天上是一線細藍，雲卷雲舒都不相干，地上是帶著水珠的碎卵石，一片星光閃閃，「上有天堂，下有蘇杭」，倒還真是有點天街銀巷的味道。

若是清晨，小巷也在晨霧中和人們一塊醒來。瓦檐上凝著的朝露迫不及待地跳下，打出一片煙霧迷濛。一路行去，你可以聽見洗漱聲、開門聲、門軸轉動吱吱扭扭的聲音，再加上不知誰家聽不很真的極快的吳儂軟語，真是一幅活色生香的生活畫卷，落在你心靈的塵埃上，濺起一腔的惆悵。想想當年，這裡說不定也是鶯歌燕舞、笑語嫣然，充斥著兩情相悅，只是剎那芳華彈指老，一切都歸於平靜。恰如舊上海社交名媛決然的罷手，一切的燈紅酒綠，瞬時隱去，復歸淡然，舉手投足間已了無痕跡，乾乾淨淨。

舊城裡的蘇州和別處自有不同。杭州是「西湖歌舞幾時休」的明豔，繁華的一場春夢罷了；南京是「舊時王謝堂前燕，飛入尋常百姓家」的變幻，無情而又無奈。蘇州永遠都是「小樓一夜聽春雨」，讓你的周圍充滿紅的桃花、粉的杏花，香雪海裡，暗香不斷。

這香如果俗氣一點來說，還透著美食之味。蘇州的點心甚多，梅花糕、定勝糕、松仁糕、海棠糕；麵條種類也不少，爆鱔麵、大排麵、滷鴨麵、二黃麵，然後我就發現了一個想不通透的麵——「奧灶麵」。奧灶麵是什麼麵？其實蘇州的麵基本都是湯麵，細圓麵條加上湯頭，搭配不同的澆頭。奧灶麵裡我最愛吃的是爆魚麵。爆魚是一塊塊魚肉用炸的，用的是青魚。好味道在湯頭裡。湯頭其貌不揚，黑黢黢的，彷彿醬油水，一嘗，嗯，鮮美的香氣活靈活現的游動起來。怎麼做到的？把青魚的魚肉先煎後煮，煎的時候提香，煮的時候吊湯。關鍵的不是單純的魚肉，必須加上魚鱗和魚的黏液。魚鱗是一片片的膠質，魚的黏液是大腥方能達到大鮮，把這些不起眼的東西一起烹製，反而化腐朽為神奇。奧灶麵必須現點現做，所謂「一滾當三鮮」，保持一定的熱度，奧灶麵才好吃。麵條是用精白麵加工成的龍鬚麵，下鍋時緊下快撈，使之軟硬適度。奧灶麵最注重「五熱一體，小料沖湯」。「五熱」是碗熱、湯熱、油熱、麵熱、澆頭熱；「小料沖湯」指不用大鍋拼湯，而是根據來客現用現合，保持原汁原味。奧灶麵也不是只有一種味，我看到還有鴨肉或其他肉片等不同的配搭。

吃・品味

那麼為什麼叫奧灶麵呢？我看資料上說是「奧妙都在灶頭上」之意。我私下覺得這個說法有點附會，起碼是經過總結加工。我到寧肯相信另外一種說法 —— 奧灶麵看起來不夠清爽，搭配得也比較雜亂，蘇州土話管亂七八糟叫做「懊糟」，所以叫奧灶麵。

魚湯麵

我在南京，吃到了一碗非常好吃的魚湯麵。

我寫美食文章，也幫所在的企業寫菜單上的菜品描述文字，寫來寫去，發現美食這個東西，真的是各人有各味，每個人的認可標準歸根結底就是兩個字 ——「好吃」。可是這個好吃，你認為的「好吃」和他認為的「好吃」，未必相同，但是如果大家能較為普遍地認可什麼東西好吃，那大約就是真的好吃了。

南京的這碗魚湯麵，我們一行二十人，異口同聲地說「好吃」，這真不容易。別看只有二十人，但都是餐飲界裡摸爬滾打十幾、二十年的，吃的好東西不少，一個比一個挑食，而且飲食習慣還不同。你看我是山西的，喜歡酸、鹹；還有四川的，喜歡麻、辣和重油；也有北京、山東的，喜歡醬香，喜歡滋味濃郁。可這碗魚湯麵降伏住了眾人，那就是水準了。

我和南京結緣，開始於我的第一份工作。我一九九七年大學畢業，自己應徵了一家省城的三星級酒店，我們酒店實行的是委

魚湯麵

託管理，管理方就是南京金陵大酒店和當時屬於金陵集團的金陵旅遊管理幹部學院。餐廳自然輸出的是淮揚菜，招牌菜裡有一道麵食就叫做「魚湯小刀麵」。那時候沒見過什麼世面，有大吃大喝的機會，都衝著鮑魚、象拔蚌去了，最差的也是招呼一些河鮮，這麵還一直沒吃過。這次到南京，一嘗之下，悲喜交加 —— 悲的是早幾年沒吃上，喜的是畢竟此生不負卿。

這魚湯麵端上來的時候，賣相並不吸引人。就是清澈見底一碗，連個蔥花什麼的都沒有。老祖宗說吃食要「色香味」俱全，那是有道理的。色吸引的是視覺，視覺有了衝擊力，再提鼻子一聞，呀，嗅覺也起來了，最後一嘗，味覺感到愉悅，所以「好吃」。這魚湯麵的視覺效果不夠，勉強動筷子夾了一綹，這一嘗，太好吃了，讓人不能停下來，直到全吃光。所以，我們在色香味後面又補充了一些觀點，你看，西方人是用鼻子吃飯的，他們特別在乎「香」，所以飯菜裡迷迭香、薄荷、香芹、鼠尾草什麼的香料狂撒一氣；日本人是用眼睛吃飯的，他們特別在乎「色」，日本料理的色彩、器皿都是令人賞心悅目的。後來韓國人也是這一路數，不過彷彿吃來吃去，紅的、綠的、黃的、白的都是泡菜而已；中國人是用舌頭吃飯的，最在乎的還是「味」啊。比如我平常動不動就洗手，沒事就拿個骨碟、杯子看看，有沒有指紋、水痕，但遇到街邊小館子，只要東西好吃，吃的那叫一個歡啊，根本看不見油膩的桌子和旁邊飛來飛去的大蒼蠅。

魚湯麵原來是用鱔魚來製湯，現在野生鱔魚的味道退步了，不如以前那麼味濃，所以，追求品質的店家都用四種魚來製湯

了。這四種魚是鯽魚、烏魚、黃鱔和泥鰍。鯽魚和烏魚有鱗，但不要去除，魚鱗不僅味道鮮，而且膠質多，有利於魚湯的厚重感。這四種魚都很鮮美，但是具體的鮮美又各有不同，四種魚加起來就是絕好的複合鮮味。把魚肉全部拆碎，小的魚骨也保留，用豬油加上蔥薑、白酒等慢慢炒香。炒到五六分熟，就加入開水熬製，熬製十幾、二十分鐘後，把各種原料撈出，另起爐灶接著炒製。把原料全部炒成金黃色後，再放入剛才熬製的湯中，文武火慢燉四五個小時，湯汁變成稠濃的奶白色後，就可以過濾了，剩下的就是鮮美得不得了的魚湯。這樣兩次炒製、兩次熬製，才能把魚的鮮最大程度的提取出來，成為一碗好湯。把麵條另外煮好，趁著熱淋上鮮美的魚湯，熱上加熱，鮮上增鮮。

我喜歡南京，除了六朝煙水氣、烏衣巷口的斜陽、雲錦厚重的華美外，這飄散在市井人聲中的一縷鮮香，也是其中的原因之一吧。

天哪，納豆

　　韓良露說，她喜歡納豆，而且當吃第一口的時候，她就知道她和納豆今生有緣。天哪！

　　即使在納豆被宣傳得神乎其神，基本成了包治心腦血管疾病的神物，而我又確實有可能需要預防這方面的疾病情況下，我仍然不能順暢地接受納豆 ── 倒不是因為臭，而是完全不知道是種什麼味道，似乎是最奇怪的味道組合，仿若地獄的感覺一般。

　　由此可知千利休也確實不是一般人。這位聰明的一休哥，將日本茶道昇華為一個體系，並且在茶道中加入了料理的因素。而很著名的納豆流派之一也由他創發。想到吃點納豆之後再去喝茶，我一定會顫抖著崩潰。

　　就連日本的年輕人都有很多接受不了納豆的味道！我看到有的人用納豆直接拌白米飯吃得津津有味，簡直佩服得五體投地。我是把納豆當成藥來吃的，最好還要拌上芥末，來壓制那股怪味。我一直堅定地認為，在很早的時候，中國傳入日本的豆豉被他們做壞了，才有了納豆。

　　納豆和豆豉一樣是用大豆發酵而成，但是顏色是枯敗的黃，除了有特殊的腐敗氣味之外，當你用筷子去攪動或夾取納豆時還能拉出長長的細絲，這些絲不容易斷掉，附著在碗壁上，不一會就會變成一楞楞凸起的硬絲。納豆最初是由寺廟裡的僧人製作的，而日本寺廟的廚房稱之為「納所」，這裡製作的豆子當然就

順理成章地稱為「納豆」。

　　日本人吃納豆，最常見的吃法就是把納豆拌上醬油、蔥花、芥末、芝麻油，和生雞蛋攪成一團放在白米飯上吃。也可以把納豆切碎後，加入到涼湯中一起喝，還可以做成納豆手卷，或者將納豆和墨魚、銀魚等拌在一起吃，甚至還有的人用納豆加上蜂蜜直接食用。但是納豆這幾年風靡世界，則完全是因為它的保健作用。一九九六年日本「O-157」大腸桿菌食物中毒大暴發後，人們發現似乎常吃納豆的人得病的機率很小，於是對於納豆可以抗菌的說法更是深信不疑。而納豆所含的納豆激酶的超強溶血栓作用，也一直被世人推崇。

　　當年千利休禪師製作納豆食品，主要是為了化腐朽為神奇，提醒僧人在寂靜之中安於現實，在減少對物質的追求後求得心靈的富足。而現在人們把自己的平安健康單純寄託在小小的納豆身上，卻不能夠持之以恆地關照自己的內心從而改變生活的態度和方式，恐怕是千利休禪師所沒有想到的，而這種希冀恐怕也將成為納豆所不能承受之重。

深海魚刺身拌納豆

關關雎鳩，「在喝之粥」

　　我在這個世界上最愛喝的粥湯有三種：疙瘩湯、生滾粥和醒胃牛三星湯。我在山西長大，山西的飲食是比較質樸的，到現在也拿不出特別上檯面的大菜。然而，什麼是故鄉？故鄉就是你不管在哪裡都長了一個最認可兒時飲食的胃。我搞餐飲這一行，世界上有名的珍饈基本都吃過了，然而，自己一個人的時候，最想吃的還是山西太原的吃食，比如頭腦，比如大燴菜，比如疙瘩湯配蔥花烙餅。

　　疙瘩湯自己做還是比較容易的，只要有醬油、豬肉、番茄和青菜，基本自己能找到自己喜歡的味兒。另外兩種就不太容易了，生滾粥時間上太麻煩，牛三星湯食材的畜腥味不好整治。

　　我生長於北方，按道理口味上應該偏紅燒、醬香，可是又很能吃辣椒，和湖南人有一拼。並且又喜歡粵菜體系，因為粵菜是清淡而不寡淡的至味啊，讓你感覺上無負擔、口腔裡無遺憾。不過畢竟是北方人的底子，我對廣東那些海鮮什麼的，一是分不清，二也吃不出好來，喜歡的都是街邊攤或者老的吃食。相比之下，更喜歡煲仔飯、蝦餃、鼠曲粿、粉粿、蠔烙……稀的裡面最愛吃的就是生滾粥和醒胃牛三星湯。

　　生滾粥最傳神的就在一「滾」字。「滾」作為動詞，意思不複雜，但是需要意會。通常它是罵人的，但是如果是「爛嚼紅茸，笑向檀郎唾」之後，再輕啟朱唇，說一滾字，那便是你儂我

吃・品味

儂的郎情妾意，羨煞旁人。而用在粥上，就是什麼食材都可以，又通常是肉類，在米粥裡滾熟，因為是粥，先就占了不油膩的上風，再加上火候剛剛好，滑嫩便也是先機了。

海鮮蠔粥

生滾粥畢竟首先是粥，粥就要用米。米最好用東北稻米，油性大些，也比粳米香，涮熟食材時也不容易瀣。熬粥底比較麻煩，要用豬油先炒乾米，炒到米粒都要蹦起來，才另換了砂煲，必須用滾水，搓碎江珧柱，一起慢慢煮成粥。煮到什麼程度？煮到看不到米粒，變成一絡一絡和水融合的糜就行了。一般過程中離不得人，要時常攪動，免得黏鍋，前功盡棄。

香菜肉片粥

粥底熬好了，真的是什麼都可以滾啊。我大多滾魚片、田雞或者牛肉，皆十分滑嫩，本味特別的鮮甜。我看廣東人基本最後都加薑絲，倒是養生的，有助於補脾疏肝，因為廣東溼熱天氣多，多吃薑可以化溼。

醒胃牛三星湯

除了化溼，還需要醒胃。化妝品醒膚，離不得酒精；人要醒胃，總少不了酸。醒胃牛三星湯裡的酸，廣州人叫「鹹酸」，其實我覺得就是泡菜，只是不用辣椒而已。鹹酸到底是什麼？我請教過在東莞長大的朋友「小橙子」，他說，

和泡菜類似，但是用詞不夠準確，非要解釋，叫做「廣東醃瓜果」比較好。對，鹹酸除了常見的白蘿蔔，還有很多瓜果也可以醃，比如木瓜、桃子、李子、沙梨等，我也見過有醃樹番茄的，在雲南叫做西番蓮。牛三星是牛身上的三個部位——牛肝、牛心、牛腰，畜腥氣都比較重，用了鹹酸，不僅肉質變得更好，畜腥味也沒有了，反而吊出特別的鮮香。好的牛三星湯要看上去乾淨，現做現上。湯看上去很清淡，入口卻應該很濃。牛三星的質感是最展現店家功夫的，好的牛三星不能發韌，甚至要帶一點脆爽的感覺。鹹酸蘿蔔丁要多一點，才夠開胃。

　　廣東美食太多，如果你想越戰越勇，一定要吃碗生滾粥養養胃，再來碗牛三星湯開開胃，那就接著吃去吧……

沒有泡菜的四川是不完美的

　　一說川菜，因為是太接地氣的菜系，每個人都有每個人的最愛，魚香肉絲、東坡肘子、宮保雞丁、雞豆花，堪稱經典中的經典；肥腸粉、酸辣粉、擔擔麵、龍抄手是小吃中避無可避的一種懷念。所以，你問別人愛吃四川的什麼美食，千人必有千個答案，唯獨有一樣，只要一提，大家還是異口同聲地認可，那就是四川泡菜。

　　我有一兄弟，是四川人，有次在四川，我和他一起去菜市場買菜，他媽媽要做飯給我們吃，順便叫他挑個泡菜罈子。我小時

候見過泡菜罈子，就是一大肚陶製罈子，只不過口沿上伸出一圈，然後口上先有一個平板的小圓蓋子，再有一個倒扣著的碗形狀的蓋子。四川的泡菜罈子也這樣，沒啥特殊，然後我這哥們兒挑罈子的「絕活」把我鎮住了。

我記得小時候跟我媽去買泡菜罈子，好像沒什麼特別的挑法，就是看看漏不漏、有沒有裂，我這兄弟也是先摸摸罈子，然後敲敲壇壁，聽著聲音也還清脆，我就打算拉著他付錢走了。結果，人家還是站著，從兜裡「嗖」的一聲掏出一張紙，打火機點著了往罈子裡一扔，然後馬上蓋上蓋子，從邊沿倒水，看著水嗞嗞的吸進壇壁裡，他才滿意地付錢了。結果他走了，我沒動，還在那想著呢，這罈子挑得真有辦法！哥們說這樣可以證明罈子密封性是否好，要是密封不好，泡菜容易壞。泡菜罈子兩層蓋子的設計和泡菜時要加水在圈沿上，都是為了加強密封。他還告訴我一件事我也挺震驚的，說以前還不用內蓋子，是要用棉布包著沙子成為一個小拳頭樣的蓋子蓋在罈子口上。我還問了幾遍：「是沙子麼？是地上那個沙子麼？那沒有細菌麼？」這哥們兒說：「哪來那麼多細菌，反正就是用沙子！」我覺得這也是四川人樂觀精神的展現。

老壇泡菜配香煎比目魚柳

四川泡菜

低溫鮭魚蜂蜜果粒配泡
菜丁

泡鳳爪

四川泡菜好吃，我覺得除了口感上的原因外，還在於它的兼容並蓄。在四川，真的什麼都可以泡啊，比如白紅蘿蔔、黃瓜、佛手瓜、棒棒青、萵筍、紅辣椒、豇豆什麼的，不過像黃瓜、萵筍什麼的，比較嫩，水分多，往往泡一兩天就可以了，四川人叫「跳水泡菜」；而像豇豆什麼的，比較難泡，就泡得時間長一些，甚至可以泡在罈子裡一年不撈出來。

泡菜怕壞，所以泡泡菜有幾點要特別注意：一是泡菜用水必須乾淨，一般

都用放涼的白開水；二是一定沾不得油，只要有油，泡菜必壞；三是泡菜放置溫度不能太高，四川一般都是冬天大規模地做泡菜，夏天就做得少。

如果泡菜水變得特別黏糊了，那一般就是壞了，沒什麼辦法拯救。如果只是表層發了白花，水體還比較清，我記得我們家都是把白花撈出扔掉，再往罈子裡加點高度白酒，而且必須是高粱釀的白酒，一般問題不大，泡菜水可以起死回生，而且味道更佳。我這哥們兒說，加了白酒容易讓泡菜不夠爽脆，他們四川一般都是多加花椒，不影響質感，口感反而更好。

四川泡菜還有一個讓我覺得神奇的地方，就是泡菜居然可以泡葷的！我們都是泡點蔬菜什麼的，頂多泡點蘋果片、梨片，為了提味。人家四川泡菜還可以泡雞爪子、豬耳朵！而且還特別好吃，不僅不油膩，味道也十分清爽綿長。

後來我在著名的川菜餐廳「眉州東坡」吃過一道老罈子泡菜配香煎比目魚的菜，選用比目魚柳精心煎製，加上祕製勃艮第醬汁，創造出中西合璧、鮮香極爽的感覺。但這還遠遠不夠，錦上添花的是老壇泡菜丁，四川千年沉澱的美味，和勃艮第醬汁碰撞出無法言表的美味。他們怎麼想到這樣一道給人驚喜的菜品的？當我在眉州東坡的泡菜工廠看到幾百個半人高的泡菜罈子的時候，這個問題迎刃而解了。

鳥鳴喚醒了松露，雨露滋潤著松茸

雲南黑松露

泉水松茸

黑松露紅燒肉

　　雲南是菌子的故鄉，菌子的種類多得不得了，好吃的菌子也多得不得了。我基本上都很喜歡，從雞樅菌到乾巴菌，從見手青到黑牛肝、黃牛肝、紅牛肝，哪一樣都鮮美到令人覺得幸福來得特別突然。當然，名貴而又可遇不可求的還是松露和松茸。

　　一提松露，最知名的還是法國松露，這和法餐在世界美食體系中的地位有很大關係。在法國，黑松露和肥鵝肝、魚子醬並稱為三大昂貴食材。從顏色上來說，松露有黑白兩種，白松露更為稀少和貴重。白松露只在義大利和克羅地亞有少量出產，黑松露在義大利、西班牙、法國和中國均有出產。而中國的黑松露，產自雲南。

63

吃・品味

雲南的黑松露，因為其貌不揚，而且氣味不同於一般的菌子，其實以前並不被當地看好。而喜歡松露氣味的人則認為松露香得不得了，所以在法國，一盤菜在最後撒一點黑松露的碎屑，都被認為是高級和美好的，更別提再淋上幾毫升白松露油了。松露到底什麼味道呢？我覺得好像微雨打溼的叢林、古樹散發的氣息，而法國有的美食家描繪它為「經年未洗的床單」散發的味道。不管什麼味道，這種味道在松林裡極具隱蔽性，因為和樹林裡的氣息完全一致，必須依靠極為敏銳的嗅覺才能分

雲南松露蒸蛋

辨。嗅覺最好的家畜就是豬了，法國訓練豬來尋覓松露，而在中國雲南，老鄉們則直接把這種黑色的塊狀菌命名為「豬拱菌」。

黑松露在雲南，食用方法很多，絕不像國外那麼「小氣」。在昆明有一家餐廳，叫做「得意居」，是當年蔡鍔和小鳳仙的寓身之所，甚至推出了一系列用雲南松露製作的菜餚。我自己比較喜歡的是松露蒸蛋，在黃嫩的蒸蛋上排著十幾片黑松露，色澤搭配得俏皮而不張揚。黑松露貨真價實，從色澤上來看大約有兩到三個不同產地的品種，香氣上有略微的差異，而又能嘗到松露菌較之其他菌子顯得脆硬的質感。

不過說實話，雲南松露在香氣上確實無法和法國黑松露相媲美，差距是比較明顯的。我在北京的中國大飯店夏宮品嚐廚師長

侯新慶大師的傑作 —— 法國黑松露紅燒肉後，對大師的菜品造詣讚不絕口，當然也對法國黑松露的香氣留下了更為深刻的印象。雲南松露雖然不是最佳，但畢竟也是出自名門。

而我認為能拔頭籌的菌子就是雲南松茸了。松茸也不是中國獨有，日本、朝鮮半島皆有出產。哪怕是在中國，長白山也是出產松茸的，可是我認為最好的還是雲南香格里拉出產的松茸。

不管是松露還是松茸，都是由菌和松根結合產生活性菌根帶，在相對溼潤的環境裡生長。不同的是，松露只要成熟，即使不採摘，一年之後也會自然死亡，而松茸卻不同，只要松樹健康、土壤條件穩定，它的壽命是很長的。而且莖幹越粗越長的松茸，等級越高。不過，松茸的菌蓋是不能展開的，一旦菌蓋展開，就沒有了任何經濟價值，當地人有時候形容健康而懶惰無用的人就叫他「開花松茸」。

烤松茸

有意思的是，松茸的氣味同樣被喜歡和不喜歡的人兩極分化，它濃郁的松香味道，在以前被雲南人認為是一種邪惡的氣息，稱呼它為「臭雞樅」，直到知曉了日本人對它的狂熱，才發現了它重大的經濟價值。

實際上，松茸最大的價值是在養生方面的作用。日本在二戰時被投擲了兩顆原子彈，輻射過的地方寸草不生，而松茸卻可以正常的生長，可見松茸抗輻射的能力極高。

而這麼多年的研究也表明，松茸對於治療糖尿病也有著非常好的效果。

但是對於我來講，松茸最大的好處就是好吃。將剛剛採摘的松茸用泉水洗淨，片成薄片，放在炙板上烤，然後直接蘸一點鹽食用，彷彿整座松林的香氣都在嘴裡散開，真的好像在天然氧吧裡吸了氧一般，身體立刻活力四射。

它，似蜜

清真整製羊肉，那是一絕，沒法比的。

北京老的清真館子我常去的是烤肉季和紫光園，前者以烤肉出名，後者成了北京平民化的風味餐廳。烤肉季的烤肉確實好吃，不過我始終搞不清楚它到底是蒙古烤肉還是清真烤肉。烤肉季的其他吃食也是不錯的，尤其是那些北京的傳統菜，比如，它似蜜。它似蜜紫光園也做，味道也很好，這倒是遂了我的心。

它，似蜜

　　光看它似蜜的名字，如果沒吃過，一般人絕對猜不出來這道菜是羊肉做的。羊肉實際上是非常好的食材，尤其是在補養人體虛勞方面，而且這種補養，是緩慢而有效的，不存在什麼虛不受補的情況。故而，在清代，無論是民間還是宮廷，都把羊肉作為一個重要的食療品種。從現存的《清宮膳底檔》來看，羊肉出現的頻率很高，一方面和滿族的飲食習慣有關，一方面，和慈禧的推動有關。當然，這並不是慈禧有意而為，只能說，她有一個水準很高的御醫。

　　從現在慈禧的日常食療方子來看，經常出現的不是名貴藥物，但都非常適宜和對症。例如當《起居注》中出現了慈禧略有腹瀉的時候，在《膳底檔》中焦米就出現了，而焦米正是用來治療腹瀉、補充身體微量元素的，炒焦的小米是也。慈禧年紀大了以後，牙齒也不是很好，所以慈禧偏愛軟爛質感的食物，又比較偏甜。從中醫的角度來看，腎的意義很大，但中醫的腎，不是指一個臟器，而更多地是指一種以腎臟為主的人體防禦機能。所以腎的好壞表現在很多方面。最基本的是「腎主骨生髓，其華在發」。一個人的腎好，他的骨頭就比較強壯，而頭髮也會有光澤。中醫又說，「齒為骨之餘」，意思是牙齒也是骨頭的延伸，故而牙齒不好也反映腎的毛病。

　　腎的機能對男女都一樣，甚至在女性的身上表現得還更明顯。我們常說「黃毛丫頭」，其實那是小女孩在五六歲前腎氣、腎精還不充足，故而頭髮色澤不好。在正常的飲食和發育下，長大了，頭髮自然就黑亮了。而女性過了五十歲，腎氣又開始衰弱，

牙齒鬆動，頭髮稀疏，都是很正常的。我們看到慈禧的日常飲食裡很多是用來補養腎氣的食材，比如黑豆，再比如，羊肉。李時珍在《本草綱目》中說：「羊肉能暖中補虛，補中益氣，開胃健身，益腎氣，養膽明目，治虛勞寒冷，五勞七傷」。但是羊肉入膳，最大的問題是膻味濃重。如果是民間，還可以用大蔥、香菜甚至孜然什麼的味道濃重的香料遮蓋，可是慈禧不好那一口。故而逼得御廚們左思右想，創製了一道「蜜汁羊肉」。

羊肉要想蓬鬆軟嫩，必須碼味掛漿。因此「蜜汁羊肉」是用羊里脊肉或羊後腿精肉切片，用雞蛋和生粉掛糊，入熱油鍋炒散，加上薑汁、糖色、醬油、醋、黃酒、白糖、澱粉等調成的芡汁勾芡而成。做好的「蜜汁羊肉」，色澤黃中帶紅褐，滋潤誘人，仿若杏脯。吃起來，鬆軟柔嫩，香甜如蜜，回味略酸，絕無腥羶。這「蜜汁羊肉」的做法看似簡單，但步步都是功夫，一步不到位，整道菜就做砸了。

慈禧特別喜歡這道菜，覺得羊肉能如此簡直不可想像。一問名字，覺得太直白，遂命名「它似蜜」。

把往事釀成豆腐乳

在中國，豆腐乳無處不在，而且豆腐乳的發明和豆腐的發明一樣，都是那麼偉大而福澤綿長。有名的豆腐乳不少，北京的玫瑰醬豆腐、王致和臭豆腐；雲南的路南石林油滷腐；黑龍江的克東豆腐乳；廣西的桂林豆腐乳；廣東的水口豆腐乳；四川的海會寺白菜豆腐乳等等，當然，還有臺灣的豆腐乳。

臺灣的豆腐乳常見的有幾個類型：一種是甜酒白豆腐乳。乳黃色的小方塊，口感綿軟，入口是鮮甜，然後有鹹的感覺，一般都會有發酵過的黃色的豆瓣、清淡的汁液和豆腐乳相配合。另外一種是麻油辣豆腐乳。在白豆腐乳的基礎上，加了辣椒粉和芝麻油，香辣油滑，又有豆腐乳特殊的香味。還有一種是水果豆腐乳，常見的有梅子豆腐乳和鳳梨豆腐乳，是用白豆腐乳加了水果，更加的清甜，有濃濃的果香。最後一種是紅麴豆腐乳。就像我們說的醬豆腐。但是這其中，我最喜歡的還是甜酒白豆腐乳。

不管哪種豆腐乳，總歸要使用豆腐進行發酵，形成菌絲體後再加上滷汁浸泡醃製入味。別看只是一小塊豆腐乳，卻是手工製作，工序多多，注意事項也不少。首先是選擇豆腐的時候，豆腐的含水量是個大問題。豆腐裡面的水分多，豆腐軟，做出的豆腐乳不成形；豆腐裡面水分太少，豆腐發乾，真菌菌絲就不好快速生長。一般來說，科學的數據是豆腐的含水量在百分之七十左右。豆腐需要使用稻草或者粽葉等引發真菌生長，這個過程需要五天左右，溫度必須在攝氏十五到十八度之間，否則也要影響真

菌生長。當直立的菌絲已經呈現明顯的白色或青灰色毛狀後，還要將豆腐攤晾一天，為的是散掉發酵產生的霉味以及減少豆腐在發酵過程中產生的熱量。當豆腐涼透以後，就成為長滿毛霉的豆腐乳毛坯，這個時候就可以用滷汁醃製了。加上米酒、鹽、糖、花椒、桂皮、薑、大豆粒等製成的甜酒滷汁，密封泡製六個月，就成為一罐可口美味的甜酒白豆腐乳，可以食用了。

欣葉的愛麗絲曾經送了我一大瓶甜酒白豆腐乳，裡面能夠清楚地看見黃色的如同水豆豉的豆瓣和呈小方塊的白豆腐乳。豆腐乳本身滑膩如脂，用筷子頭刮一小層下來送進嘴裡一抿，有一種特有的豆腐乳香，不但並不怎麼鹹還帶著回甜，一頓飯我可以吃兩大塊。蒸魚時抹在魚身上也別有一番風味。

仔細想想，我為什麼喜歡豆腐乳？因為它像是往事。隨著年齡的增長，有的時候我也開始回憶過去。把往事釀成紅酒，你會享受醇美的香氣，別人也會欣賞你光鮮的生活；把往事釀成豆腐乳，也許更多的味道只有自己知道，可是卻可以伴你一生，永遠都不會相厭。

萱草：療疾之思

　　萱草的花語是「忘卻的愛」，有一種淡淡的憂傷。中國古代的遊子離開家之前，都會到幽深的北堂、母親居住的地方，種下一片萱草，期待萱草花那一抹亮色能夠撫慰母親掛念孩兒的心。而後來，因為萱草花亮而不妖，花型端莊，它也逐漸成為「母親」的代稱。在很多文學體裁中，每當充滿思念的惆悵時，萱草花都會出現。

　　可我每次看到萱草的時候都很高興，因為它還有一個名字叫做「黃花菜」，是我很愛吃的食材。萱草是很雅的稱呼，黃花菜就平易近人多了。外婆原來在屋前總會平整出一塊地，種十幾叢黃花菜。每到夏季，黃花菜開出嫩黃色的或者橙紅色的花，外婆就會把它們帶著露水採下，用水沖洗乾淨，然後上蒸籠蒸透，放在通風的陽光處徹底晒乾，一年的金針就夠吃了。是啊，「黃花菜」是它新鮮的時候，我們家一般的習慣叫法，等它乾了，我們通常就叫它「金針」，也沒什麼緣由，大概就是因為乾了後比較像一枚金色的針。

吃・品味

　　黃花菜入菜很神奇，可以馬上提升菜的味道和香氣。用得多的是麵條打滷中，一股幽香中和肉的肥膩，提升湯汁的香氣，淋在麵上，再加點醋，嘿，別提多帶勁了。我自己也喜歡把它用在烤麩裡。我現在吃的烤麩都是買好麵筋自己做，如果配料裡缺少了金針，烤麩最終的味道就會大打折扣，食之無味，棄之可惜。

　　金針除了做菜，也作為中藥被廣為應用。小的時候我在河床上玩，睡著了被毒蚊子叮的滿身大包，幾近昏迷，母親送到老中醫那裡，幾服藥下去，恢復如初。最後一次看病時，老中醫撫鬚而言：孩子還小，未下猛藥，餘毒尚在體內，直到十五歲前，每年夏秋季節身上必起黃水皰，癢甚，需挑破，沾塗金風散。金風散為何物？乾金針研為細末即成。其後，果真如老人家預言，絲毫不爽，於是每年金針粉末都不離我左右。年滿十六，果真未再犯。感恩之情，一半拜老人家妙手，一半係金針之功。

　　後來翻閱醫書，《本草求真》上說：「萱草味甘而氣微涼，能去溼利水，除熱通淋，止渴消煩，開胸寬膈，令人心平氣和，無有憂鬱。」李時珍《本草綱目》上也說，萱草可以「療愁」。所以，古人也稱萱草為忘憂草，然也然也。

　　外婆八十八歲的時候去世。去世那天還正常地做了晚飯，後來晚上十二點的時候突然從床上坐起嘔吐，送到醫院再也沒有醒來。外婆走的沒有痛苦，只是那以後我也再沒有吃到味道特別好的黃花菜。

伊府麵，滋味永回味

中餐文化很神奇。往往，一個不起眼的物事，卻蘊含著很深刻的烹飪思想和理論；而又往往，一種食品，聯結著菜和飯的通道，亦飯亦菜，它可以雅到用鴻篇大論來論述，也可以俗到進入千家萬戶，王侯平民無差別，一樣對它喜愛有加。

伊府麵，符合以上所有對中餐文化的想像。

凡是這樣的美食，往往被各地爭搶，以至於身分不明。但是伊府麵，誰也搶不走，就像宮保雞丁一樣，那是人家丁宮保的專利。而伊府麵是伊秉綬的傑作。

伊秉綬是乾隆時期的官宦，紀曉嵐的弟子，又向劉墉學習書法。他的字有高古博大之氣，又融合金石之道，說他是書法大家亦足能堪稱。可惜，真正被後人更為熟知的，還是他創製了伊府麵。

伊秉綬是福建客家人，後在廣東為官，再任揚州知府。據說，他在揚州期間和府上的廚師一起創製了伊府麵。而伊府麵不僅流傳於揚州，自然也跟著他，落地東南。現在，廣州人壽筵上多有吃伊麵的習俗，而福建寧化客家人至今祝壽時也要吃這種「秉綬麵」。

說了半天，什麼是伊府麵？用雞蛋和麵，做成麵條，煮熟過水，稍乾，以油炸之，久貯不壞。因為水分少不易變質爾。現在的泡麵也是一個道理，有的廠家宣稱他們的泡麵不含防腐劑，我

吃・品味

信，因為根本不需要防腐劑嘛，那麼乾燥，放幾個月沒有任何問題。可是，有沒有人發現我們自己做的油炸食品幾星期就會有油脂的油耗味，而泡麵不會？那是因為裡面添加了抗氧化劑的緣故。伊府麵是不添加抗氧化劑的，它也不放那麼長的時間。伊秉綬半夜讀書餓了，或者忙於政事誤了吃飯，廚師就會取出伊府麵，水燒開一滾就好，撒點雪菜、筍丁、蝦仁，兩片青菜葉，一碗很豐盛的美味就做好了。

等等，怎麼越說越像泡麵？那是，泡麵這種很沒水準的食品就是從伊府麵發展來的。日本泡麵之父其實是臺灣人，到了日本後，把他吃過的伊府麵進行工業化改良，加上包裝，當然，也加入了其他的東西，就成為了泡麵。我對泡麵沒意見，畢竟它也是

時代的產物嘛。不過，在日本，泡麵其實是叫做「伊麵」的。伊
麵伊麵，伊府麵是也。

絕代風華蔥油酥

我覺得犍為蔥油酥是我見過的最討巧的美點之一。

討巧是因為它可以被南北方人同時接受。曾經有位美食家告
訴我：美食是不分地域的，只要它真的好吃，就是全民的。多麼
偉大的理論！雖然聽起來並不可靠。我記得有一次在南方朋友家
裡吃早餐，他端來一碗據說是招待貴客的湯糰，我一看這沒什麼
啊。問題的關鍵是這碗裡還有一顆漂亮的荷包蛋，而最恐怖的是
這個荷包蛋加了豬油和一大勺白砂糖！我承認那個早晨是我人生
的噩夢，我足喝了三壺普洱濃茶才壓抑住了想吐的慾望 —— 荷
包蛋難道不應該是鹹的麼？！而另一個不同的例子是，我們北方
人的粽子是甜的，不論它是紅棗的還是豆沙的，而南方人他們吃
鹹的粽子，鹹蛋黃或鹹肉的，這也是大部分北方人理解不了的。
類似的還有點心，北方的點心絕大部分是甜的，南方的點心有
鹹的，再加上餅皮上如果有芝麻的話，對於北方人來說不如吃
個燒餅。

蔥油酥，四川犍為的蔥油酥是我這個北方人能接受的鹹點
心之一，甚至大愛。之所以說之一，是因為蘇州鹹甜味的牛舌
餅我也喜歡。蔥油酥的用料並不複雜，就是小麥粉、沙拉油、

白砂糖、麥芽糖漿、香蔥、花椒、食鹽而已，然而做好的蔥油酥像極了金黃的燕窩盞，濃郁的蔥香彷彿在空氣中形成實質的絲，撩撥你的鼻孔，讓人欲罷不能。貪婪的整口咬下，一層層的酥讓心和味覺都滿足。

蔥油拌麵

蔥油酥的魅力一大部分都來源於蔥。蔥是我認為最性感的食材，沒有之一。北方的蔥是豪放派，粗大壯實，猛的一掰，咔嚓帶響，蔥汁飛濺。最宜卷餅，蘸上大醬，甩開腮幫子吃。南方的蔥是婉約派，搖曳生姿，甜中有細膩的微辣，拌在傷心涼粉中是眼角最晶瑩的那顆淚，不是大雨滂沱，卻點點滴滴印的最深。

如果把蔥煉了蔥油，那便是真正的熟女了 —— 舉手投足間散發的不是青澀，而是自然散發的風情。一把青蔥水靈靈的好看，一罐蔥油同樣能奪人眼

犍為蔥油酥

球。彷彿是帶著綠的黃水晶，有著魅惑人心的迷亂。那一汪難以形容的金碧澄淨，還有少許煉的焦黑的蔥段，不再那麼光鮮，但終於有了濃鬱沉積的異香。蔥油最適合的反而不是海參，雖然魯菜中的蔥燒海參也是一道蔥香濃郁的美食。蔥油最宜是上海的拌

麵，加點乾透了略過油炸香的開洋，鮮香不可匹敵。

而做蔥油酥，卻不是用蔥油，這個不能望文生義。蔥自然是榨出的鮮蔥汁，油卻是活好的油麵團。蔥汁加上糖、鹽、油炒好，加上水麵團、油麵團揉在一起，烤到金黃，便好了。聞起來是濃烈的蔥香，吃到嘴裡，是層層崩碎玉山傾，酥到停不下來，而甜中帶著鹹，鹹又壓著甜，拿捏得恰到好處，讓我恨不得拍案叫絕、臨水而歌。

犍為蔥油酥是甜與鹹、南與北交融的智慧，帶著大自然的鮮香，加上製餅人的巧手與耐心，奉獻出飽滿誠摯的絕代風華。

紅了櫻桃

《禮記·月令》裡有句話：「是月也，天子乃以雛、嘗黍羞，以含桃先薦寢廟。」很多書上也這樣斷句「是月也，天子乃以雛、嘗黍，羞以含桃，先薦寢廟。」但是不管怎麼說，這話的意思都是，到了仲夏，天子會用新雞、舊黍和櫻桃進獻宗廟。

所以，夏天的櫻桃從古至今都是美味。以前的水果商人有的將櫻桃稱為「水果開眼」，意思是這百果之先登場後，其他水果才陸續上市。我更喜歡中國古代對櫻桃的稱呼 —— 鶯桃、瓔桃、含桃。唐朝齊己有《乞鶯桃》詩：「流鶯偷啄心應醉，行客潛窺眼亦饞。」連黃鶯都不想放過這誘人的佳果，急著趕在人們採摘之前偷偷啄去。想起小姨在加拿大的家裡，院子裡有好多棵

櫻桃樹，每到成熟，立刻組織全家男女老幼齊上陣，為的是和鳥兒爭食，其間還一邊埋怨不少果子上已有被啄過的痕跡，好不熱鬧。不過轉念一想，這鶯穿柳帶的場景也是一場雅事。至於瓔桃這個稱呼，倒讓我想起菩薩身上的瓔珞，顆顆紅潤，寶光畢現，能見仙顏，是多大的福氣啊！最喜含桃這個稱呼，能含在嘴裡的小小桃子，多麼形象，特別嬌小，更是惹人憐愛。現代變成「櫻桃」，倒是容易和櫻花弄混，很多人以為櫻花敗後就結櫻桃，其實雖然都是薔薇科，但是一個是李屬，一個是櫻屬。

　　櫻桃花也很漂亮，不遜色於櫻花，但是櫻桃本身太出眾了，光芒之下，櫻桃花就不怎麼聞名於世。我很愛吃櫻桃啊！小的時候，偶爾爺爺會帶回塞滿一口袋的小櫻桃，沒有現在的櫻桃那麼大，倒像珊瑚佛珠，捧在他蒼老的佈滿粗黑裂紋的手掌裡，光芒四射，往往便宜了我一個人。

　　櫻桃入菜，我倒沒怎麼見過。還是金庸先生《射鵰英雄傳》裡寫過：

　　洪七公拿起匙羹舀了兩顆櫻桃，笑道：「這碗荷葉筍尖櫻桃湯好看得緊，有點不捨得吃。」黃蓉微笑道：「老爺子，你還少說了一樣。」洪七公「咦」的一聲，向湯中瞧去，說道：「嗯，還有些花瓣兒。」黃蓉道：「對啦，這湯的名目，從

這五樣作料上去想便是了。」洪七公道：「要我打啞謎可不成，好娃娃，你快說了吧。」黃蓉道：「我提你一下，只消從《詩經》上去想就得了。」洪七公連連搖手，道：「不成，不成。書本上的玩意兒，老叫花一竅不通。」黃蓉笑道：「這如花容顏，櫻桃小嘴，便是美人了，是不是？」洪七公道：「啊，原來是美人湯。」黃蓉搖頭道：「竹解心虛，乃是君子。蓮花又是花中君子。因此這竹筍丁兒和荷葉，說的是君子。」洪七公道：「哦，原來是美人君子湯。」黃蓉仍是搖頭，笑道：「那麼這斑鳩呢？《詩經》第一篇是：『關關雎鳩，在河之洲，窈窕淑女，君子好逑』。是以這湯叫做『好逑湯』。」

這黃蓉雖然聰明，看來對於廚藝的鼎中之變倒是毫不瞭解。筍和櫻桃可以搭配，但是再加上荷葉，反而幾種香氣互相消減。尤其是提到櫻桃先去核，再塞入斑鳩肉。斑鳩肉哪裡那麼好熟？就算要入味，也要同時燉好久，櫻桃焉得不爛？其實如果沒有內力，要想去掉櫻桃核讓櫻桃仍然十分完整都幾無可能，不信，你去試試。

關鍵的問題是，我怎麼也想不通，像黃蓉這麼一個冰雪聰明、古靈精怪的女子，怎麼非要把櫻桃煮了吃，生吃不更好麼？唉，卻也真是煞風景。不去想她，我自裝碗櫻桃來，吃得滿嘴生津，不亦樂乎？

吃・品味

粽子燒排骨

孔夫子說：「不時，不食。」意思是不到那個時令，不要吃那個季節才應有的東西。我覺得，聖人就是聖人，說的很對。中國的傳統節日氣氛越來越淡，和這個有關。

開記肉粽

中國是農業大國，歷來重視傳統，這個傳統和「天」分不開，因為我們的農業依附於自然。後來不講究「天人合一」了，所以過節的那些老道理都不說了，就剩個吃。春節大吃一頓，中間還搭配上餃子；正月十五吃元宵；立春要吃春餅、炒合菜；二月二龍抬頭要吃龍鬚麵；清明節要吃清明粿；端午節要吃粽子；中秋節要吃月餅；冬至再吃餃子……後來生活好了，什麼東西都可以天天吃了，得了，節日也就不成節了。咱自己不過這些節了，外國人就開始搶了。頭一個是韓國，總是跟在別人屁股後面撿剩的，現代文明撿美國，古代文明搶中國。據說端午節韓國也說是他們的，中國跟他們學的。屈原什麼時候成韓國思密達了？

且不理他。中國人自己可應該想想我們該如何把自己民族的東西當成寶貝了。我自己還成，從小受的家庭教育比較古典，也沒那麼好的條件「西化」去。不過西不西化不是根本問題，我有

的朋友自小美國長大，結果對傳統比我們還認真。這就是民族自
覺性的覺醒。話說回來，傳統食品我還都挺愛吃的，最愛吃的，
還是粽子。細想想，雖然粽子超市也能買到，卻不像餃子、湯圓
那般經常吃，還有念想。

　　我生在北方，記憶裡，在端午節，家鄉並無太多慶祝或者紀
念的儀式，如掛艾葉、菖蒲，賽龍舟，飲雄黃酒，這些好像都是
南方人的事情。我們就是包粽子，用五綵線纏些香包。我喜歡看
大人包粽子，碧綠的粽葉十分養眼，配上紅色的棗、白色的糯
米，是我早時的色彩啟蒙之一。粽葉有股說不出來的清香，煮在
鍋裡，味道好聞極了，而吃粽子不管涼熱，皆是黏糯香甜，是我
童年覺得非常難得的美味。

粽子燒排骨

　　粽子的花樣雖多，但歸結起來，也很簡單，不過就是形狀與
餡料的區別。形狀，有三角形，四角形，長圓錐形等，無論哪種
形狀，唯一的標準其實是不漏米；餡料無非鹹甜之分，一切全看
自己口味。我小時候吃的粽子，基本是甜的，不是紅棗便是紅
豆，長大了才知道粽子也有鹹的，而且餡料無所不包。

吃・品味

　　粽子吃得多了，便也思索換個花樣，有一次在南京吃到粽子燒排骨，大愛。配排骨燒的粽子，一定是白粽子，什麼餡料都沒有。排骨也是平常紅燒做法，但是湯汁要多一些。粽子要先用油仔細地煎過，表皮都略微發黃變色，成為一個硬殼。在排骨差不多熟了的時候一起在鍋中燉燒，待得粽子也吸飽了排骨汁後就可以出鍋了。做好的粽子燒排骨，排骨的香濃和粽子的軟糯相得益彰，排骨中滲入糯米和粽葉的清香，煎過的粽子外皮又很綿韌，沾滿紅燒汁色澤醬潤，十分誘人，絕對能為你的味蕾帶來意外的驚喜。

　　其實，粽子燒排骨最主要的是告訴我一個道理。生活需要發現，傳統需要賦予，我們不能只停留在祖先的遺產上慨嘆，而是要在傳統文化上留下我們填充的濃墨重彩的一筆。

臺灣粽子

海菜花在海菜腔裡永恆

　　洱海裡有一種「環保菜」，是洱海水質的守護精靈，當洱海的水質清澈乾淨時，它們就像美麗的精靈，頂著白色的花冠，擺動著綠色的身體隨著水波蕩漾；當洱海的水質變差時，它們就慢慢消失，直至銷聲匿跡。它們就是 ──「海菜花」。

　　海菜花是中國特有的沉水植物，在廣西、貴州等省的高原湖泊中都有，但是在雲南最成氣候，可以形成植物群落，長度可以達到三四米，蔚為壯觀。雲南在很早的時候就發現了海菜花的食用價值。海菜花的口感是十分黏滑的，卻看起來又碧綠通透，有一種和一般蔬菜完全不同的質感，再加上清鮮靈動的味道，是大理常見但也是十分獨特的鮮蔬。

　　海菜花最常見的吃法是燒湯，而燒湯時最常見的是和芋頭搭配。也不用多麼複雜，就是清水加上掰成小段的海菜花和切成小丁的芋頭一起煮，直到海菜花軟滑、芋頭丁表層綿軟時，加上一勺熟油，撒點鹽巴，就可以喝了。喝到嘴裡是滿滿的清鮮，帶著氤氳之氣在周身盤旋。海菜花也可以炒來吃，素炒即可，加了肉反而奪了味，就好像明明是民間的東西非要把它學院化，有些不倫不類，不如原生態看著那麼順眼。

　　海菜花在雲南不止大理洱海才有，在滇南的異龍湖裡也有。異龍湖是雲南省八大高原淡水湖泊之一，湖面十分寬廣，占地面積九十多平方公里，最為出名的是滿湖荷花，每當荷花盛開的季

吃·品味

節，荷香四溢，香遠益清，有「第二西湖」之稱。早年的異龍湖真的是如仙境一般，如果向漁家借一葉扁舟，從空明的湖水上劃過，湖山一覽，如鏡在心，清風拂面。正凝心處，卻忽聞聲聲漁歌，驚醒時看見天邊已現一抹彩霞，湖邊村落隱現，炊煙已起。這緊挨著異龍湖的縣城就是石屏。

石屏和異龍湖是天生相依相愠的，石屏因為異龍湖的涵養而具有了靈性，而異龍湖的得名卻又來源於石屏。異龍湖中有三島，唐朝時，烏麼蠻（彝族的先祖部落之一）在島上築城，名末束城，是為石屏築城之始。宋時島上亦築城。此二城四周環水，故以其島大小，名大水城、小水城。彝語「水城」的發音叫「異欏」，明初漢人到石屏，不解彝語，誤以為「異欏」是湖的名稱，還把「欏」音附會為漢人喜歡崇拜的「龍」，於是就有了「異龍湖」。

異龍湖的汙染曾經十分嚴重，嚴重到湖裡的海菜花全部死亡，後來引水沖湖，海菜花才慢慢恢復了生機，但是仍然數量有限。不幸中的萬幸，作為彝族寶貴的文化遺產之一的「海菜腔」也萬幸地存活下來。

海菜腔是彝族傳統的歌曲形式，我第一次聽到的時候，簡直可以用震驚來形容 —— 真的是太好聽了啊。你說它原生態，那是真的原汁原味的高原仙樂，可是又那麼有技巧，高音和低音、真聲和假聲，在不留痕跡的轉換中塑造了令人如癡如醉的完美。海菜腔之所以用海菜花來命名，是因為它像海菜花一樣純淨、不容玷汙，也因為它的聲腔婉轉流暢，像極了隨波浮動的海菜花。

假如你以後有機會去石屏，除了品嚐美味的海菜花外，在異龍湖畔，也可以聽聽那人間難得幾回聞的海菜腔，我相信，就在那一瞬間，你心中的花兒也會全部開放。

投我以木瓜

《詩經‧國風‧衛風‧木瓜》是非常著名的詩篇，它的內容很有意思：「投我以木瓜，報之以瓊琚。匪報也，永以為好也！投我以木桃，報之以瓊瑤。匪報也，永以為好也！投我以木李，報之以瓊玖。匪報也，永以為好也！」別人送給我木瓜、桃子、李子等水果，我回報給別人美玉，你送給我的東西從價格上來說絕對小於我回贈的東西，我不是不明白，我只是很看重你對我的情意啊。

這個「木瓜」是中國木瓜。中國木瓜是薔薇科的小喬木或灌木植物，卻可以長得很高大，兩層樓高的木瓜樹也是有的。中國木瓜比較小，一般也很酸澀。可是中國人照樣有辦法整治它。雲南人喜歡酸辣口味，提酸很多時候靠的就是中國木瓜，當地人叫做「酸木瓜」。酸木瓜可以幹什麼？大理名菜木瓜雞、木瓜魚就是用幾片乾＋的酸木瓜，和雞肉或者魚肉一起燉，酸味使得肉質變得特別幼嫩，做好的菜酸香撲鼻，誘人食慾，吃下去毫無油膩之感，又能喚醒胃的活力。

酸木瓜也可以鮮著吃，切成半月形的薄片直接蘸白糖來吃，

是孕婦的最愛，看到之後基本走不動路，一定要吃十幾片才甘心。如果把酸木瓜切成小丁，可以加上當地人十分喜歡的單山蘸水和豆腐乳汁拌和成非常爽口的涼菜。神奇的酸木瓜還可以泡酒，這造就了大理赫赫有名的木瓜酒。木瓜酒對於治療風溼是很有作用的，最主要的是味道也很好，不過往往後勁比較大。

與中國木瓜相對應的是「番木瓜」。來自國外的木瓜果實個頭比較大，可以是中國木瓜的兩三倍大。大約是在明朝後期才來到中國。番木瓜的味道香甜綿軟，最主要的是木瓜酵素的含量高於中國木瓜，而木瓜酵素有一個很強的作用就是調整女性的內分泌，從而造成豐胸和美白肌膚的作用。所以民間流傳的「吃木瓜美容豐胸」的食療偏方還是有作用的。

木瓜雞　　　　　　木瓜雪蛤　　　　　　青木瓜絲

番木瓜可以直接作水果食用，也可以入菜。最常見的是以橫剖一半的番木瓜為盛器，裡面可以是蒸好的雪蛤、銀耳或者燕窩。雪蛤是長白山特產雌性林蛙的輸卵管，在中醫學方面來說，雪蛤和銀耳、燕窩都是滋陰的，配合番木瓜尤其是番木瓜裡的夏威夷木瓜，果香濃郁，性味相合，確實是很好的食療補品。

這些菜使用的都是成熟的番木瓜，內瓤已經是金紅色。番木瓜沒有成熟時，是青綠色的，所以叫做「青木瓜」。青木瓜也可

以食用，泰國菜裡熱菜最有名的猜想是冬陰功湯，而涼菜裡最有名的猜想就是青木瓜沙拉了。這道菜也容易做，將青木瓜切成絲，加入辣椒、西番蓮、大蒜、魚露、鹽等作料，擠入青檸檬汁，再撒上碎花生和蝦米。但正宗的泰國做法是「舂」，把除了青木瓜絲以外的東西都在石臼裡搗爛成為調味汁，直接拌入青木瓜絲，放置一會入味，就可以吃了。泰國地處亞熱帶，暑溼嚴重，人們很容易煩悶且容易沒有胃口，這時候吃一份青木瓜沙拉，在清甜、微辣、酸爽之中，又伴著花生的香、魚露的鮮，絕對能叫醒你的舌尖，讓你在奇特的感覺中活力四射。

如果去泰國旅遊，感覺燥熱難當，就來一份青木瓜沙拉吧，看到路邊的小吃攤，走過去說一句「薩瓦迪卡，宋丹（Somdam）」就可以啦。

最好的味道在最家常的食材裡

我的職業是培訓師，一直是在酒店或者餐飲業裡面打轉。年輕的時候，我做 PPT 教案，如果編制一堂課的教案需要 5 個小時，可能 4 個小時都是在挑選 PPT 的模板，那些背景、顏色、圖片非要別出心裁，我才會滿意。等到閱歷越來越豐富，我發現自己變了，做 PPT 恨不得就用一張大白底板，寫的字也越來越少，往往一張 PPT 上就幾個字。這倒和我的美食品味很像——年輕時總覺得菜品是食材越高級的越好，神戶六級以上的和牛、

吃‧品味

南非四頭以上的乾鮑、伊比利亞吃橡樹籽長大的黑毛豬的火腿、中國野生的小黃魚、加拿大的象拔蚌……現在也不是說食材高級就不好，而是把食材的因素放在了後面，更在乎美食本身的製作功力和用心程度。一碗認真製作、味道可口的奧灶麵比一碗拼湊著鮑參翅肚而做得亂七八糟的佛跳牆強太多了。

我堅定地認為，最好的味道在最家常的食材裡，因為你要天天和它打交道，它的脾氣秉性、怎麼做它才最好吃，我們最清楚。在清楚的基礎上配合一定的技法，不要最複雜，而要最適合，這樣做出的菜品，那味道一定是最棒的。比如，把最家常的雞蛋做成滑蛋。

滑蛋蝦仁

滑蛋是粵菜的叫法，這個字用的如此精妙，堪稱可比「推敲」這個詞來源典故中對文字運用的精準程度。炒雞蛋要炒到「滑」的水平，一下子把質感描摹得繪聲繪色。這樣的蛋一定是極嫩的，而又十分鬆軟，且帶著雞蛋特有的腥轉化成的香，從口腔滑進胃裡，卻爆發最大的滿足感，這就是水準。滑蛋要做到這個

程度，不是那麼容易的，有幾個基本的要點：首先是雞蛋打散過程中不能直接加鹽，因為放鹽一起打的話，雞蛋就會起泡，就不夠滑嫩。或者為了雞蛋能有一個底味，可以把鹽用水調開，加入一點生粉，然後把這個生粉水加到雞蛋裡去。第二是炒的時候，一定要熱鍋冷油，這樣下入蛋液後不會黏鍋，也不會讓雞蛋發硬。三是蛋液倒入鍋中後，靜等一會，然後要及時推開底層已經煎成形的雞蛋，注意這個動作 —— 不是滑散，是輕輕地「推」。儘量保持雞蛋是剛剛凝固就推開，然後繼續把底層剛熟的推開。最後一點，看到基本熟了就可以關火，用餘熱焐到全熟，這樣蛋的質感剛剛好。

如果僅僅是滑蛋，吃久了也會膩，所以，滑蛋最後變成了一個系列菜品。常見的是滑蛋牛柳和滑蛋蝦仁。牛柳就是牛里脊，牛肉的好處是，雖然熱量和豬肉差不多，但它裡面的元素是促進肌肉生長的，所以你看愛吃牛肉的民族先天的體質和身材要健壯得多。牛柳片也要追求嫩，這和滑蛋是很般配的，但是兩種嫩又有不同的重點，牛肉的嫩的存在感比鬆軟的雞蛋還是強烈很多。從色彩來看，一個是紅色系的，一個是黃色系的，喜慶而討巧的色彩搭配。

如果用蝦仁，蝦仁也是嫩的，可是又帶有一定的彈性，做好後，蝦仁帶著粉色，和金黃的雞蛋一對比，自然小清新，撒點碧綠的蔥花，恰如春天鵝黃的迎春花帶來溫暖的消息。

吃・品味

膠東四大拌

　　山東是魯菜的故鄉，在魯菜之中別有風味的就是膠東菜。膠東為半島，三面環海，小海鮮種類非常豐富，而我尤其喜歡其中的「四大拌」。

　　膠東四大拌，最為常見和經典的是溫拌海參、溫拌海螺、溫拌海蜇、溫拌海腸。先不管主料，都有同樣一個詞 ——「溫拌」。溫拌是涼菜烹飪技法裡很特殊的一種，是把原料汆燙熟，趁著溫熱即要拌入調料，也是趁著溫熱就要食用，才能品嚐出溫拌的好來。為什麼要溫拌？一般使用溫拌技法的菜品原料都是加熱放涼後會散發腥臊氣的，聰明的中國廚師們就發明了溫拌的技法。

先說海參。海參挺有意思的，在中國，比較看中它的保健養生功效，海參可以大補益氣，功同人蔘，又生長在海洋之中，故名「海參」。而西方人雖然精確的驗證出海參膽固醇為零，而且確實有很多對人體有益的微量元素，可是他們仍然不能接受海參醜陋怪異的外表，不僅不吃海參，而且看到海參表面小的肉刺突起，有點像黃瓜，給海參起了個比較形象但是跌份的名字 ——「海黃瓜」。溫拌的海參，肯定就是鮮的遼參了，切成小段，口感不像乾參發泡後那麼黏糯，而是帶著脆嫩，有著溫熱刺激蔥薑和醬油散發的溫和香氣。

還有海螺。海螺其實種類很多，但對於我這個山西人來說不太認得，對海螺的第一印象其實是小時候家人告訴我用空的螺殼罩在耳朵上面，聽到類似潮汐迴旋沖刷的聲音，說那就是海的聲音。後來我信奉了藏傳佛教，其實學佛法是假的，倒是對藏文化很感興趣，發現藏傳佛教的八寶之一就是美麗的白海螺。藏傳佛教尤其崇拜世間稀少的右旋海螺（螺口的旋轉方向為順時針），用它代表佛法在世間的妙音。我卻愛吃海螺肉，確實有點焚琴煮鶴啊。溫拌海螺口感脆嫩細膩，鹹鮮適口，帶著海螺肉特有的鮮甜，既是非常不錯的下酒菜，又老少皆宜，怪不得被稱為「盤中明珠」。

神奇的還有海蜇。在寧波，我曾聽當地的老人講過一段關於海蜇的海上傳奇。說有一年海上有大風暴，風暴過後，大家看到海面上逐漸浮起大大小小的海蜇，大的直徑有一兩米。人們都為這大海的恩賜感到高興，捕撈得不亦樂乎。突然海水一陣翻滾，

又出現了一隻大海蜇，直徑有六七米，大家都驚呆了，老人們都驚呼「海蜇王」。海蜇王帶著剩下的大大小小的海蜇開始向遠方游去，有不知厲害的漁家試圖把海蜇王捕獲，海蜇王射出幾根毒刺，被射中的漁家渾身腫脹，不久就死去了。這段傳奇給我留下了很深的印象，尤其是我從那十分難懂的寧波普通話中拼湊出這個故事，已經頭暈腦脹。但這絲毫不影響我對海蜇的熱愛，因為它實在是太好吃了。當海蜇變成一盤菜後，海蜇的身體部分稱之為海蜇皮，而它的觸鬚稱之為蟄頭，蟄頭的味道和質感更佳。溫拌海蜇一般用的都是蟄頭，調味料除了醬油、醋、鹽之外，最重要的是中國黃芥末。中國黃芥末一定要用開水拌，還要再在一定的溫度下捂幾個小時，這樣黃芥末才夠衝、夠勁。拌好的海蜇，脆韌爽口，芥末味道濃郁，開胃而過癮。

不能忘的是海腸。百度上說海腸就是沙蟲，其實是兩回事。海腸是膠東海域的特產。據古書中記載，人類很早就已經開始食用海腸子，據說生活在海邊的漁民，常把海腸子晒乾，磨成粉末，做菜的時候就放點進去，會使菜餚更加鮮美，這可比今天的味精安全和美味多了。溫拌海腸突出的是海腸的鮮、脆、嫩，蔥香和蒜香交織，在口腔裡縈繞不絕。海腸除了是一道美味，還具有溫補肝腎、壯陽固精的作用，特別受男士的青睞。

陷入螺網

李韜從來不吃螺，吃螺就吃洱海螺。

我不怎麼吃淡水螺肉，因為從小受的教育讓我認為淡水的東西比較髒，尤其是螺螄，細菌很難被完全殺死。所以有一次我的朋友用淡水產的生鮭魚招待我，簡直嚇壞了，立刻覺得我面前是比鴻門宴還鴻門宴的血腥。

後來又出了福壽螺事件。福壽螺是一個入侵物種，對溼地的破壞作用巨大，而且體內藏汙納垢，如果不是長時間的高溫烹煮，人食用後非常容易引發各種寄生蟲病。這樣一來我對淡水螺的印象更不好了。

後來在大理居住，古城裡有幾個我很喜歡的小館子，蒼洱春是其中之一。蒼洱春的老闆，開始是一位非常和善的大媽，吃飯期間我們就常閒聊。她見我總點那幾樣菜，便好心地推薦我嘗試一些新菜，尤其是他們家的熗拌螺肉。我說了對淡水螺的顧慮，大媽說，我們用的是洱海螺，可不是福壽螺，洱海螺沒問題，因為吃了好幾百年了。

火腿配響螺片

熗拌洱海螺

吃·品味

　　大媽倒還真不是說笑，後來有一次我去海舌（從喜洲的海岸上伸向洱海中的一個窄長的半島，大理人把它想像成洱海的舌頭）遊玩，看到當地的傳統房屋，牆壁的泥土裡混有很多清晰可見的螺殼，那是因為螺殼的主要成分是石灰質，將螺螄殼拌入泥土中築牆，可以增加泥土的黏合性，達到通風和堅固的效果。凡是摻入了螺螄殼夯築而成的土牆，都不會開裂。這是延續百年的方法，可見大理人對洱海螺的利用由來已久，何況是食用。開始對洱海螺感興趣以後，也翻查了一些資料，才知道洱海螺和福壽螺的區別是很大的。洱海螺是胎生，生下的是一粒粒的小螺螄，福壽螺是卵生，撒下的是幾萬粒的粉紅色的籽；福壽螺個頭巨大，洱海螺的個頭不過是它的二分之一。

　　用洱海螺做菜，味道都很棒。當然，首推的還真的是蒼洱春的燴拌螺肉。燴螺肉真的是個神級菜啊，裡面有螺肉、碎花生、辣椒，淋上熱油，畫龍點睛的是上面的幾片薄荷，夾在一起吃是絕對美味的大理味道。這道菜也許來自清代大理的螺螄吃法，在清代檀萃著的《滇海虞衡志》中曾經記載：「滇嗜螺螄已數百年矣……以薑米、秋油調、爭食之立盡，早晚皆然」。

　　除了燴拌，大理傳統的吃法還有醬爆螺螄和韭菜炒螺黃。醬爆螺螄是把大理人喜歡的菜籽油加熱，油溫九成時，用三五片生薑熗鍋，下入螺螄肉爆炒至鏟上黏滿指甲大小的「螺螄蓋」時，再噴入黃酒，去腥味，等翻炒幾遍後倒入醬油，加少許糖和適量清水，煮透，撒上蔥段就可出鍋。出鍋後螺螄殼上油潤醬濃，黑亮誘人，啜入口中，汁水豐沛，鹹鮮味美。

還有大理炒螺黃，這才是天下珍饈。據民國年間的雲南省志《新纂雲南通志·物產考》記載：「田螺……又剔其尾之黃，滇名螺黃。可入湯饌，味美。」現在的大理炒螺黃，是取洱海螺的尾黃，同雲腿的薄片同時爆炒，再下入新鮮的韭菜提鮮增香，三種食材皆有自己的風格特色，那種充滿層次感的鮮美真的是無法言表。

我這個不吃淡水螺的人，卻被洱海螺的味道俘虜，從此深陷螺網，也算為了美食而改變口味，有些「大嘴吃八方」的感覺了。

破布子，古早味

昭英告訴我「破布子」這種樹「古早」就有了。很容易長，貧瘠乾旱的山坡地上都能長。以前的做食人就在田邊隨手種幾棵。它結一種淡金黃色的漿果，也叫「破布子」。不到指尖大小，果皮包著一層薄薄的漿水，算是果肉，剩下的就是它的籽了。雖然果肉少，吃起來覺得費事，但是它有著「老臺灣」的痕跡和故事。農家人大大小小平日各有分內的工作。大人上山的上山，種田的種田。小孩就幫忙看牛，賣蕃薯。只有暴風天或者下雨天不能下田的時候，一家大小才能聚在屋子裡。這時候，勤快的農家爸爸就去砍一些破布子枝子回來，全家人一起做破布子醬。小孩把破布子一個一個從樹幹上摘下來。農家媽媽就燒好水，煮破布子。屋外嘩嘩下著大雨，一家大小在屋子裡忙碌地工作，這是以

前的臺灣農家人心窩甜蜜的記憶之一。

「破布子」閩南語早先就叫「破子」，又叫「樹子」。這麼簡單不計名分，好像是一棵樹自報姓名，說：「各位，我是一棵樹。我的名字就叫『樹』。」僅此而已。

這是臺灣作家明鳳英的文章《破布子的夏天》裡的一段話。當我讀到這段話的時候，我手裡正拿著金姐從臺灣帶來的一罐產自嘉義的樹子端詳。金姐是我們原來做物流系統時候認識的臺灣專家，對人是慈愛的，也很開朗搞笑。經常和我說：「我知道一百種減肥的方法，可是效果，你看看我的身材就知道了」，然後我們兩個胖子都笑得前仰後合。

其實以前我也吃過用破布子做的菜，在「欣葉」餐廳。當時是一道破布子蒸魚，我一下子就喜歡上了它的味道。

我喜歡吃破布子，原因有二：一是喜歡它那說不出來的滋味，尤其是帶汁的破布子，要麼用了薑、糖來煮，要麼用淡醬油來煮，微酸之中帶著醬油等特有的鮮甜，回味都甚佳；二是我的體質特別容易累積「熱毒」，夏季尤甚，而破布子，是解火聖品，也可以化痰。

　　破布子直接吃也好，做菜也很方便容易。最簡單的是用來蒸魚。我去超市選了一條已經開膛破肚弄好的魚，用水反覆浸泡幾遍，去了體內剩餘的血水，再用面紙吸乾魚身水分。用破布子的原汁浸泡魚肉兩小時，然後把魚膛裡塞滿破布子粒，上鍋蒸十幾分鐘，魚眼突出發白即成。想想我們的先祖，大概也是如此整治食品，既是一種搭配，又能保留食材本身的味道。所以臺灣才會把保留下來的傳統味道稱為「古早味」，也是很形象的說法呢。

　　和破布子有關的料理其實品種很多，而且可以跨界。破布子可以炒雞蛋，可以蒸豆腐，也可以炒苦瓜等青菜，居然還可以和豆沙拌在一起蒸豆包！這百無禁忌的食材，也許正是暗合了我們的先人們包容而恬淡的內心世界，才會在不同的食物系列裡如此的遊刃有餘。我已經和金姐失掉聯繫很久了，聽說她現在依然衣食無憂，正在聖嚴法師的道場裡做義工，平靜而安樂。

　　嗯，這樣，真好。

破布子蒸藍斑

破布子蒸肉

吃・品味

跨越海峽的鼠曲粿

有幾年，我的一個臺灣朋友愛麗絲在北京工作。

她是欣葉餐廳的行銷總監，而欣葉是很有名的一家餐廳，以純正的臺灣菜品而被廣為稱讚。有一年的端午節，愛麗絲約我們幾個朋友聚會，吃了幾道欣葉的代表菜品，然後送我們一人一份伴手禮，是臺灣粽子。我打開一看，不由笑了，因為我看到了一個鼠曲草粽子，這絕對是對臺灣傳統美食的再創造。這種創造並不是不好，事實上，所謂的臺灣味道，恰恰是這種基於對傳統的緬懷又能因地制宜的一種突破。

為什麼這麼說？我們熟知的臺灣牛肉麵就是個很好的例子。當年來到臺灣的四川籍老兵，懷念四川的風味，可是臺灣又沒有四川那些特有的調味料，比如二荊條辣椒、漢源花椒、郫縣豆瓣醬等，所以只好利用臺灣的本土食材，做成牛肉麵，開始還叫做四川牛肉麵，其實在四川根本沒這個小吃。結果，大家一吃，味道也不錯，慢慢就變成臺灣牛肉麵了。這種情愫不僅在臺灣，中國人在世界各地都創造了中餐的衍生體系，比如另外一種我很喜歡的菜系「娘惹菜」也是中國華僑在馬來西亞的創造。

鼠曲草粽子應該是從我喜歡的鼠曲粿演變出來的。

鼠曲粿的根子在潮汕。每年臨近元宵，潮汕地區都會做鼠曲粿，現在倒是有了盒裝的鼠

鼠曲草花頭

粿粿作為特產禮品，這點和臺灣是一樣的。

鼠曲粿的名字比較奇怪，其實很好理解，它的皮中必須用到鼠曲草。鼠曲草也叫佛耳草，葉片和莖的表面與內裡都有白色的絨棉，而黃色的密集的小花球下也能抽出白色的絨來，所以有的書上說鼠曲草就是白頭翁。我不是學植物學的，但是我想這大概是不對的。因為鼠曲草是菊科的植物，而白頭翁是毛茛科的。作為菊科植物，鼠曲草的功效是下火，尤其在應對積食方面是很有作用的。鼠曲草不僅僅在潮汕地區用來做鼠曲粿，在江浙地區也有用它來做青團的。青團是清明時節的應季食品，是把鼠曲草的汁和在糯米粉中做皮，包上豆沙餡或鹹的肉餡做成糰子，蒸熟食用。當然，青團也可以用艾草汁或麥青汁製作，一樣的油綠可愛。

鼠曲粿的顏色是墨綠色的，還帶有星星點點的鼠曲草的纖維。因為做鼠曲粿不是用鼠曲草的汁，而是採用一種很有潮汕風格的做法。用傳統的方法製作鼠曲粿是很費精力的。先把鼠曲草採回來，用水煮開，然後泡在乾淨的冷水裡，每天換一遍水，至少三天。三天後把鼠曲草撈出，放在石臼裡舂碎，就可以加上油在鍋裡炒了。炒熟後還要加上紅糖再炒，直到鼠曲草成為黑綠色

的一團，與油和糖完全融合，才可以把它加入糯米粉團中，一起揉勻，成為鼠曲粿的皮。餡料傳統上是綠豆沙或者紅豆沙，鹹的肉餡什麼的也可以。用皮包好餡料，嵌入木頭做成的餅模子裡，輕輕壓平塞滿餅模子，模子裡刻好的花紋就會印在鼠曲粿表面，然後翻轉餅模子，輕輕一磕，鼠曲粿就和餅模子分開，然後就可以蒸製了。鼠曲粿一般是圓形的，也有壽桃型的。花紋一般是篆體壽字紋樣或者其他的吉祥紋飾。

蒸製鼠曲粿，必須墊著芭蕉葉，不知道為什麼，反正一直是這樣做的，倒是讓鼠曲粿更加清香。蒸好的鼠曲粿，色澤墨綠烏潤，香氣清雅撲鼻，豆沙綿糯，肉餡也毫不油膩，我每次都可以吃好幾個，還是覺得不滿足。

鼠曲粿這樣的小吃為什麼美味？因為在準備和製作的過程裡充滿了情意。其實中國的古人一點也不刻板，他們反而是很浪漫的，充滿了堅定的情感。如果他們彼此思念，就會翻過幾座山，跨過幾條河，去牽對方的手。鼠曲粿也是這樣吧，跨過海峽，成為兩岸中國人共同的思念。

酸湯魚和波波糖

貴州其實不乏美食，比如黃粑、絲娃娃、紅油米豆腐、八寶甲魚、竹筍燉羊肉、烏江豆腐魚等，要小吃有小吃，要大菜有大菜。然而，名聲在外、飯館開得也比較成功的是貴州酸湯魚。

鼠曲草粽子

　　酸湯魚，酸湯魚，首先要有酸湯。先說說貴州人為什麼喜吃酸。中國的飲食口味特徵大體上可以描述為：「南甜北鹹，東辣西酸」。這其中的「南」，大體指中國長江以南地區，例如江、浙、滬等地，在飲食習慣上比較偏愛甜，像上海不論做什麼菜出鍋前一律撒把糖。「北」大體上指中國長江以北的地區，例如山東、河北、東北等地，你看山東的蝦醬什麼的，真的可以鹹得齁死人。「東」大體上指河南、山西和巴蜀之地，不止四川人能吃辣的，河南人愛吃胡椒粉提出的辣，山西的燈籠紅辣椒是出口的。這個「西」大概說的就是雲南、貴州、廣西等地。他們愛吃的酸和山西人吃的酸不同，不是來源於醋而是來源於酸性蔬果或者發酵。山西人吃醋的目的主要是為了軟化食物和飲用水中較硬的礦物質，雲貴等地食酸的目的主要是為了應對氣候對人體的傷害。尤其貴州地區氣候潮溼，多煙瘴，流行腹瀉、痢疾等疾病，嗜酸不但可以提高食慾，還可以幫助消化和止瀉。故而貴州有「三天不吃酸、走路打躓躓」的俗語。

　　酸湯魚的酸湯產生的根源也是如此，但是酸湯的製作就頗有講究了。這貴州酸湯主要分成三大類，一類是肉類發酵熬製成的酸，比如魚酸、蝦酸、肉酸；一類是蔬菜豆腐製成的酸，比如豆

吃・品味

腐酸、毛辣果酸；一類是麵湯、米湯發酵製成的酸，有點像陝西的漿水。

這其中最著名的就是毛辣果酸。毛辣果在貴州常常被寫成「毛辣角」，但是「角」發「果」的音。毛辣果就是野生小番茄，形狀近似於圓球形，不像聖女果是長橄欖形。毛辣果酸湯的製作過程實際上就是毛辣果的發酵過程。通常是把新鮮野生毛辣角洗淨，放入泡菜壇中，再加入仔薑、大蒜、紅辣椒、鹽等調味料，還要放入糯米粉，這樣發酵的才好。為了避免發酵受到其他細菌的影響，導致口味腐壞，還要加入白酒，之後要至少發酵十五天，才能取用。使用時要把發酵的毛辣果剁碎，再和其他調料一起熬煮。做好的酸湯色澤紅豔，酸味醇厚，但是有濃郁的發酵味道。

為了減輕這種發酵的臭味，正宗的毛辣果酸湯魚裡要加一種別處少見的香料 —— 木薑子。木薑子也叫山胡椒，口感清涼、微辛，是很好的香料，又有開胃健脾的功效。可以放在酸湯裡一起熬煮，也可以和烤碎辣椒等一起放在碗裡，用滾沸的酸湯一淋，製成蘸水。有了好的酸湯，加上豆芽、豆腐、香蒜、香菜、酸菜等輔料，再加一條鮮活的好魚，做酸湯魚的原料就備齊了。用這樣的酸湯做出的酸湯魚，肉質特別細嫩，湯頭味道並不會特別的酸，而是有一種奇異的酸香，讓你的味覺特別的靈敏起來。

貴州酸湯魚以當地的苗族做得最好，味道最為濃郁。但是對於遊客來說，酸的吃多了，總想調劑一下口味。苗族還有一種小吃，味道就甜得多了，那就是 —— 波波糖。

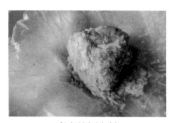

貴州波波糖

貴州波波糖

酸湯魚

波波糖是用糯米加工的飴糖和去皮炒熟的芝麻粉、豆粉做成的。做好的波波糖是球形的，但是層層起酥，色澤微黃，味道不會過分甜膩，是香甜酥脆的感覺，尤其是吃完酸湯魚後，來幾個波波糖，真的是很爽的一件事。波波糖因為是以飴糖為原料的，又有芝麻和黃豆輔助，故而營養豐富，而飴糖經過麥芽酶的作用可變為葡萄糖，直接進入血液，有潤肺、止咳、化痰和助消化的作用。

波波糖為什麼叫這個名字呢？這是因為它以前是苗族王宮中的宮廷小點，看著簡單，實際上要經過發、榨、熬、扯、起酥等十幾道工序，做好後一個個潔白的酥糖就像春風拂蕩的層層波瀾，故名為波波糖。

酸湯魚的酸，波波糖的甜，大美貴州，就在這對比的味道中。

吃・品味

海中烏金

康熙年間成書的《諸羅縣誌》是臺灣地區第一本正規的縣誌，分成很多的篇章，其中關於物產，有「烏金」一項。這個烏金，實乃今天的臺灣烏魚子是也。

烏魚的學名是「鯔」，俗叫烏鯔、烏頭。烏魚是海水魚，也可以在淡水中生存，本來是很常見的魚種，正是因為母魚的卵可以製成烏魚子，就變得很名貴了。烏魚子、烏魚子，烏魚的卵子也。

好的烏魚子價格不菲，但我覺得烏魚子的金貴，更在於它的美味。這等美味得來也不是很容易的：首先要看大海的恩賜。透過人工養殖一樣可以得到肥大的烏魚子，甚至香氣上還要更濃郁一些，可是老食客總會覺得它比野生烏魚的烏魚子要遜色一些。差別在哪？我想主要是質感。野生烏魚子要更為彈、軟、耐嚼，還別有一種海洋之氣。接下來，要看烏魚子的加工技術。其實技術也還是其次，要看看捨不捨得花那個時間。用傳統方法製作烏魚子時，要先把魚卵漂清，除去附帶物，再細細地擠去血水，但不能破壞魚卵的形狀；之後要用鹽漬五小時左右，然後再用清水浸泡，脫去部分鹽分，又需要幾個小時；然後把烏魚子放在木板下壓去水分（要掌握好度），把它壓為扁平形；再取出整形、整理，用麻繩紮好，掛起來日晒晾乾，均勻接受陽光，脫去水分，這

又需要幾個小時，製作烏魚子才算大功告成。現在也有用機器快速烘乾的，那味道自然差了很多。成品後的烏魚子呈琥珀色，晶瑩剔透、豐美堅實而軟硬適度。最後，還要找到一個會烹製烏魚子的人。烹製烏魚子倒也不難，最好的方法是用酒來燒灼。講究的要用臺灣金門高粱酒，先把烏魚子除去表膜，然後用酒浸泡幾分鐘，夾起烏魚子，直接點燃白酒進行燒灼。燒灼的程度要憑經驗，燒灼過度，烏魚子就失去黏性，烏魚子在嘴裡就變得粒粒分明，不夠有嚼勁；燒灼得不夠，烏魚子又不夠綿韌彈。唯有恰好，烏魚子才會口感上佳，還帶有濃郁的酒香。

　　吃烏魚子，也不能空口，那樣既鹹也容易覺得苦膩。最好的是夾著新鮮的蒜片或者白蘿蔔片一起吃，不僅質感上是個對比，而且味道更加突出。年輕人們也有用梨片或者蘋果片配合著一起吃的，味道也不錯，有點哈密瓜配伊比利亞火腿生吃的感覺。

　　烏魚子因為特色明顯，是很好的餽贈禮品。不過必須送成對的，用盒子認真地盛裝起來，送出去一片情意。

吃・品味

洋芋部落

　　洋芋，是我在雲南聽到的叫法，其實一看，就是我們山西的山藥蛋。我是山西人，定居在雲南，這兩個省份都和這種蔬菜有著不解之緣，山西更是有一個文學流派叫做「山藥蛋派」。其實洋芋也不土，它的學名叫做馬鈴薯，中國有個通俗的名字叫「土豆」，可以做很西式的速食炸薯條，也可以做最鄉土的中國美味，比如醃菜炒洋芋、山西大燴菜、鑼鍋飯和馬拉岡朵。

　　先說醃菜炒洋芋。這是我在雲南最愛吃的菜式之一，雖然主料也是洋芋，但畫龍點睛的卻是醃菜。雲南有個很有意思的現象，就是有的稱呼往往在北方代表的是一個類別，而在雲南卻代表著一種東西。比如，北方的青菜，一定是指綠葉菜，可以是菠菜，可以是白菜，可以是油菜等，而在雲南，卻有一種蔬菜叫做青菜，因為味道帶點輕微的苦，也叫「苦菜」；再比如醃菜，北方的醃菜，可以是醃大蒜，可以是醃蘿蔔，還可以是醃雪裡蕻。可是在雲南，醃菜就是苦菜加上作料和鹽醃了，因為是乳酸菌發酵，還有點淡淡的酸，所以也叫「酸醃菜」。酸醃菜這個東西，昆明人說昆明的最好；大理人說大理的最好；彌渡人說彌渡的最好，總而言之，酸醃菜是雲南人不可缺少的東西。而任何美味，比如炒肉時放點酸醃菜，立刻鮮爽增香；煮餌絲米線，放點酸醃菜一拌，立刻有了亮點；當然，炒洋芋的時候放點，那味道也是美好的不得了。

　　而我們山西，最常見的洋芋吃法，除了炒馬鈴薯絲外，就是

大燴菜了。大燴，就是什麼都可以燴，當然，你可以讓它成為豪華版的，也可以是精編版的，但是，至少裡面要有馬鈴薯、粉條、海帶和豬肉。為什麼又叫山西大燴菜呢？一是一定要用五香粉，二是做好了，要加山西的醋，醋和馬鈴薯的澱粉一結合，那種撲鼻的酸香，不是讓你分泌唾液那麼簡單，而是勾著你的心，讓你恨不得撲上去把它們儘快送進你的胃。

　　鑼鍋飯裡也少不了洋芋，雖然這次飯變成了主角，而洋芋只不過以「丁」的形式來進行點綴。鑼鍋大概是趕馬人不能少的用具，用黃銅製造，形製似鑼。鑼鍋飯要把米煮到六七分熟，然後另用鍋加油炒馬鈴薯丁、火腿丁、豌豆仁，然後再和米飯一起燜至軟爛香熟，鍋蓋一開，霧氣蒸騰，香味四溢。等一會，鍋底起了鍋巴，更是另外一重美味。我生平認為最好吃的一次，是在騰沖北海吃的鑼鍋飯。名字叫「海」，其實是一塊廣袤的溼地。溼地是「地球之肺」，也是為數不多的動植物的樂土。那次去，北海正盛開紫色的鳶尾，當地人叫做「北海蘭」。北海蘭是紫色的精靈，它不像薰衣草那麼細小豔麗，是大朵的高貴。我的朋友、騰沖著名的花鳥畫家賀秀明女士曾經畫過很大的一幅北海蘭，滿佈畫紙的紫色，卻不張揚，只是神祕的氣息靜靜地蔓延。

　　而說到馬拉岡朵，一看就是音譯的名字，是拉薩著名的黃房子——瑪吉阿米餐廳的招牌菜之一，也是我喜歡的洋芋美食。藏區有名的馬鈴薯是白瑪馬鈴薯。「白瑪」在藏語裡帶有佛教的神祕意味，很多時候用來指聖潔的蓮花。一個馬鈴薯用白瑪來命名，起碼說明這個馬鈴薯品質是上好的。白瑪馬鈴薯澱粉含量

吃·品味

多，入口綿密，清香回味。馬拉岡朵是把用白瑪馬鈴薯製成的泥做成塊狀，外邊煎炸出一個硬殼，色澤金黃，從中間劃開一刀，裡面卻是乳白色並且軟嫩發糯，然後配以特製的咖哩辣醬來吃。馬拉岡朵常常讓我不顧熱量大增，埋頭猛吃，不忍放下筷子。

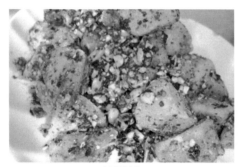

烤洋芋

洋芋燜飯

涼拌洋芋條

炒洋芋

　　洋芋，也許是這個世界上最常見的蔬菜，最容易保存也最低廉，甚至顯得卑微，但卻是美食世界裡永遠不可或缺的那一個。

洱海銀魚，情思如練

馬拉岡朵

洋芋鑼鍋飯

一提到大理，知道的人立刻心中水風清淨，心嚮往之。

大理是傳說中神奇的雙鶴開拓的疆土，是歷史上文化燦爛的南詔故國，是金庸筆下擁有無量玉璧、茫茫點蒼、天龍禪寺和一陽指的神奇國度，是今天無數遊人心中的風花雪月。然而我知道，大理的美和靈氣都在於那一方碧水 —— 輕靈廣博的洱海。

洱海是大理真正的母親河，其實不僅是大理，洱海甚至是整個雲南的靈魂。相傳漢武帝夜夢七彩雲朵，以為吉兆，派使臣追尋而去。一直追到今天的大理祥雲縣，被洱海所阻擋，只好無奈而返，遂將彩雲之南命名為「雲南」。今天的洱海，是白族人心目中

吃・品味

如同眼睛般寶貴的東西，雖然洱海的水產豐富，但是每年都會有大概七個月的休漁期，以便讓這無窮的寶庫休養生息。

到了每年的七八月份，一般都會根據當年的具體情況，舉行盛大的「開海節」，開海節後漁民們就可以進入洱海捕魚，享受豐收的果實。

開海儀式是在雙廊紅山半島的景帝祠舉行的。傳說中的景帝是三個人，又是一條綠色的大蛇，不管他是什麼，他都是洱海的守護神。先說三個人的景帝。這三個人是紅山景帝祠本主廟所供奉的本主王盛、王樂、王樂寬祖孫三代。王氏家族是唐朝六詔時東洱河蠻豪酋，全力支持南詔王統一了六詔，成為大功臣。大本主王盛、小本主王樂寬因英勇善戰，被南詔王封為大將軍，王盛之子、王樂寬之父王樂亦官至清平官。特別是在後來的天寶戰爭中，王氏一門為守衛大理立下了赫赫戰功。他們死後，被敕封為「赤男靈昭威光景帝」，被當地人敬為本主，歷代祭祀至今。而本主怎麼又會變成一條大蛇呢？在白族民間神話傳說中，紅山本主為保疆衛民而殉難，死後其身化為一條綠蛇，蛇頭上有一「王」字，經常顯靈，保護百姓，尤保船隻行駛安全，故而成為洱海的守護之神。

銀魚煎蛋

開海節當天，需要舉行盛大的儀式來祭祀紅山本主。在禱告之後，會有德高望重的白族長者帶領大家獻上祭品，誦唸祭文，然後焚表上蒼，以求得一年的風調雨順和魚蝦滿倉。漁船則掛起白帆，紛紛下水。打魚方式多種多樣，有的是張開整個漁罩，有的是趕下一船魚鷹，還有的是向水中撒下絲網，捕魚活動熱火朝天。而本主也不閒著，他的塑像被人們抬上大船，在海裡樂呵呵的巡查，旁邊有美妙的白族大本曲和白族舞蹈相伴。

開海節當天一般都能捕撈到十幾斤重的大魚，我自己最愛吃的卻是細如竹筷、體長寸許的洱海銀魚。洱海的銀魚是最性感、最純淨

的小魚啦。我見過太湖的銀魚，也是略微發白的，雖然也很漂亮，但是還是要略遜一籌，因為洱海的銀魚是完全透明的，除了兩隻小小的黑眼睛，通體都彷彿是用最好的玻璃種翡翠雕琢而成，又充滿靈性。

銀魚是很好吃的，現在基本的做法就是銀魚蛋餅。把雞蛋液和銀魚拌和均勻，下入油鍋，慢慢煎成一張嵌滿銀魚的蛋餅，吃起來既有銀魚的鮮美，又有雞蛋淡淡的腥香。而在以前，白族人吃銀魚都是涼拌的。也不用滾水去焯，就是剛捕獲的銀魚，蘸著用大蒜和烤過的乾紅辣椒打成粉末做成的香辣蘸水，就可以吃了。那是一種未經打擾的純粹，也是一種無法言喻的鮮美。

其實，洱海中最好吃的還不是銀魚，是弓魚。弓魚就像一張銀色的彎弓，雖然看不到鱗，可實際上它有一層細細的銀鱗，做好後完全融化成一整張包裹魚體的膠原蛋白膜，吃到嘴裡，那種鮮香和滑美是一輩子都難忘的。可惜，弓魚我只吃到過一次，而現在，洱海裡真正的弓魚已經消失，這種美味將永遠只存在於我深深的記憶中。

花飯：一花一世界

很多人愛花，不過人人看花各不同。

我看花，看到它柔弱之下的生命世界。每一朵花最初都是一顆小小的信念的種子，因緣得聚，才能長出幼小的善念的幼芽。

在這個過程中，它要面臨很多困難：也許小鳥飛來了，把它吞進肚子裡當成了食物；也許土地太過肥沃，欲念的火焰反而將它燒死；抑或土地又太過貧瘠了，沒有後續的信心讓它頂破種子的硬殼。

經過重重磨難和自己的努力，這粒種子長大了。它伸展著細長的莖幹，招展每一片綠葉，渴望得到陽光溫暖的照耀、雨露精心的滋潤。慢慢地，它積聚了一生的力量，把為世界增添色彩的心願凝聚成一個個花苞。終於，它開放了，成為獻佛的供物，成為菩薩說法時從天而下的花雨，成為阿彌陀佛淨土裡的一抹光華；又或者，還是默默地在人間的土地上孤獨的盛放。那又有什麼關係呢？花朵的花瓣是嬌弱的，可是在嚴寒裡、在沙漠中、在河流裡、在驕陽下，哪裡沒有一朵花呢？無論色彩是不是豔麗、香味是不是馥郁，花瓣上都是法的光芒啊。每朵花都是一個大千世界，每朵花都是一朵正信的菩提。

等到花兒開敗了，它默默地隨著突如其來的大風抑或早晨悄悄降臨的晨露走完了這一世的輪迴，在泥土裡慢慢變成肥料。它並沒有離開，它堅信在自己上一世軀殼的滋養下，下一世的花兒會更加美麗。

昔年靈山法會，佛祖思得一妙法，正待演說，突見迦葉尊者站起頂禮，手中拈了一朵花，臉上是燦爛的微笑。佛祖知道迦葉尊者了悟了。而我想，那微笑是因為感受到法的偉大，也許，更因為心田裡的花朵已經盛放了吧？

如果心田之花難以開放，也沒關係，我們把花吃下去，「朝

吃・品味

飲木蘭之墜露兮，夕餐秋菊之落英」也是一種境界。花可以直接吃，比如雲南的很多菜都是用鮮花作為食材炒菜，像芭蕉花炒雞蛋、杜鵑花芋頭湯、金雀花蛋餅等。花也可以做成主食當成花飯吃。

花飯分為兩種，一種是直接把鮮花和飯一起配合著吃，比如韓國的花飯。韓國的花飯就是各種顏色的鮮花，還要配上一些草芽、芝麻，加上醬油、肉絲和米飯拌在一起吃。不過我認為這不是真正的花飯，真正的花飯一定是花的精髓深入飯中，融為一體，你中有我，我中有你。這樣的花飯在中國才有。

韓國花飯

布依族花飯

壯族花飯

中國的花飯是用各色植物的花朵和葉莖提煉純天然的色素，浸泡糯米一日一夜，讓乾乾的糯米吸收顏色，把內部也都染成晶瑩的色彩，就成為了花飯。泡好的花飯還要用清水漂洗，不過不要擔心，洗掉的都是浮色，然後再晒乾，就可以長期保存了。花飯通常都是五種顏色以上，比如藍、紅、黃、灰、白等，這樣才夠五彩繽紛，看著就喜氣。吃的時候上籠蒸熟，誰要吃的話，有裁的整整齊齊的芭蕉葉，放在上面一團，用手抓著吃，不僅有糯米特有的香味，還有各種鮮花的香氣，吃完之後真的是口有餘香。也可以配上各種小菜一起吃，比如小魚乾、鹹菜什麼的。

瑤族有花飯，一般祭祀先祖的時候吃，為的是讓祖先看到今日生活的色彩；苗族有花飯，也叫姊妹飯或者情人飯，小夥子小姑娘們談情說愛的時候要用花飯傳遞心意；壯族有花飯，一般都是重大節日時食用，你會看到人們一邊吃花飯，一邊笑語盈盈；布依族也有花飯，他們也叫它「五色米」，吃的時候還可以淋上一勺野蜂蜜，特別的香甜。

這麼多民族都有花飯，很難說清楚花飯到底是哪個民族發明的。這樣不是也很好麼？就像中國的五十六個民族，每個民族都有自己獨特的色彩，可是又能像花飯一樣既五彩繽紛又團結和睦，那不就永遠是一幅春日絢爛的景色麼？

 吃‧品味

新梢一枝梅

我小的時候在太原,很愛吃老字號「認一力」的梢梅。

梢梅是山西特有的寫法,就是外省叫做「燒賣」的吃食。

我不知道這種小吃為什麼叫做燒賣?既不見燒烤,也不見如何叫賣。但是單從雅俗上來說,我覺得「梢梅」更上一層。山西屬於黃土高原,缺水、風沙大,色彩單調,可是人們更有追求絢爛的心。你看山西的花饃饃,簡單的白麵,捏塑成各種花形,染上各種天然的色彩,漂亮得像是一種藝術品。同樣是吃食的梢梅,一看這名字,彷彿新梢一枝梅,倔強地開放。但是用山西話的發音,「梅」字讀「mai」的音,故而傳播到外省,逐漸演化成「燒賣」。

這種傳播一開始都是在相鄰省份之間,比如河南和內蒙古。河南是中原糧倉,盛產小麥,所以麵食的品種交流很快。在《東京夢華錄》上已經記載有「切餡燒賣」,應該是山西傳入。而隨著北宋滅亡,宋人南遷,這種麵食也被帶到了南方,南方人把它的餡料豐富化,形式精緻化,形成了今日的南方燒賣。

南方燒賣和山西傳統燒賣有什麼區別?最大的區別是:在山西,一說梢梅,傳統上就是一種餡 —— 羊肉餡。認一力是清真餐廳,做得最好的就是羊肉梢梅,後來出名的是羊肉蒸餃。認一力的羊肉梢梅,花形好看,餡料處理到位,有羊肉特有的鮮而少腥羶,吃起來嘴裡帶勁,吃完後身上有勁,是我小時候最為鍾愛

豬肉燒賣

的美食。

　　梢梅是燙麵做皮，也就是白麵和的時候不能用涼水，要用開水，把麵粉一燙，麵粉裡的麵筋被燙軟，部分的澱粉也被燙熟膨化，和好的麵既不過分硬挺，也不會綿軟無力，而是柔中帶韌，做蒸製的食品十分適宜。製餡時要把羊肉絞碎，加花椒粉、鹽、白醬油、薑末等拌勻，再將西葫蘆、韭菜切碎放入，加麻油拌勻即可。包梢梅是個技術活，要求花頭褶子簇擁成一朵朵富貴的梅花，而下面要飽滿，餡料要多，彷彿是金元寶上生成一朵梅花，特別富貴喜人。

豬肉燒賣

素燒賣

乾隆白菜

　　山西的梢梅也向內蒙古傳播。晉商北上，開創包頭市場，北上恰克圖、烏里雅蘇台，帶著梢梅，是一縷家鄉的幽香。後來內蒙古人又把這種吃食帶入京城，當時叫做「捎賣」——販皮貨的人開始自己做著

吃・品味

吃，後來有人買也就捎帶著賣一些。再然後，晉商影響力漸大，逐漸成為明清第一大商幫，京城的山西人越來越多。有個姓王的山西人在北京就賣梢梅，剛開始生意一般，過年了也不敢休息，結果連續幾日大雪，生意更是雪上加霜。一日晚正要收攤，突然來了幾位生客，說是京城大雪加上天晚，已無地方飽腹，求店家隨便做點什麼。王老闆見有生意，絕不怠慢，認真地端出熱騰騰的梢梅，加上幾個簡單適口的小菜。幾個客人吃罷，交口稱讚，遂問店名，希望下次還來。王老闆苦笑一聲：「小本買賣，餬口而已，哪有名號？」客人中的一位略一沉吟，說：「店雖小，東西好吃，也要有名號才好。既然京城只有你這一處開門，就叫『都一處』吧。」王老闆趕緊道謝。第二日正王老闆尋思如何把這名號立起來，結果店外突然一片喧囂，宮裡送來當今聖上親筆所書的牌匾，上面寫著「都一處」三個金晃晃的大字。昨日之客人，當今聖上乾隆皇帝是也。都一處一下子火了，迄今還在前門大街上，顧客絡繹不絕。不過只有我們山西人知道，這京城的老字號，賣的是山西的吃食啊。

簡單而大美的劍川菜

北京是個餐飲精英雲集的城市，但是又很包容，菜系上多元，法國菜、日本菜、西班牙菜、牙買加菜、俄國菜一應俱全；價位上從街頭平民小吃到商務大宴也無所不包。菜品無論出自何

方，價格無論高低，其實都可以食客雲集，關鍵看你做得夠不夠用心。

我有一位朋友，算半個雲南老鄉 —— 我安家在雲南大理，他是純正的大理劍川人士。他姓張，和我同年，我就叫他小張，在北京開的館子叫「八條一號」，就是用的西四北八條的地名，這個命名方法倒有些大館子的味道。我很少說小張做的東西好吃，因為「好吃」實在是一個很個人的標準。第一次見美國人，我請人家吃蔥燒海參，我自己覺得好吃的不得了，人家美國人不吃，覺得海參像個大蟲子般的噁心。但我認為小張做東西挺「靈」的。靈的證據是生意很好，人氣超旺，就連「吃多識廣」的蔡瀾每到北京也必光顧。

有一次，小張做了幾道劍川家常菜，我很喜歡。最愛的一道是「子母湯」。據傳來源於段思平，而段思平為大理國的開國皇帝。你看看，大凡皇帝都有幾個家常菜。這且不表，且說為什麼叫「子母湯」？段思平未發達時，以種蠶豆為生。蠶豆會有一些無用的蘖（niè）枝，不僅不結豆莢，而且還會和主枝爭搶養分，故而在葉片鮮嫩時就摘下食用。而段思平將其和泡發的乾蠶豆一起煮湯同食，豌豆為子，豆葉為母，故為子母湯。子母湯吃起來別有一種清鮮的滋味，蠶豆白胖喜人，口感略硬髮綿，豆葉爽滑，清氣沖鼻。小張告訴我，要是豆葉特別新鮮，會如蓴菜般黏滑。想到蓴菜的鮮滑，我一時走神，回過頭來仔細回味，確實有相近之感。

還有一道菜是韭菜炒豬血碎。我吃過的豬血，大部分是豬血厚片用辣椒和大蔥段爆炒，但是豬血內部不易熟，往往需要淋些水燜一會，除非重油，否則血塊不會滑爽。劍川的做法是把豬血打成碎，用韭菜段和辣椒爆炒，香氣上也勝過一籌，故而給我印象很深。

紅豆泡皮湯

　　有道菜我不愛吃，但是大理人喜歡，就是牛乾巴蒸臭豆腐。我不是不喜歡吃臭豆腐，大理的臭豆腐和北京的不同，是發酵的毛豆腐，質感特別的綿軟。我吃不了的是牛乾巴。牛乾巴就是醃過的牛肉放的乾巴了，愛吃的人說有嚼勁，別有濃香；不愛吃的人，比如我，覺得特別膻臊。牛乾巴蒸臭豆腐，要先把牛乾巴切碎用油略煎，放在搗成泥狀的臭豆腐上合蒸，彼此借味。我雖不吃，但真正的雲南人一片叫好，是為之記。

牛乾巴豆腐

韭菜豬血碎

　　還有一道湯，我印象也不錯，是紅豆煮泡皮。雲南人特別愛吃紅菜豆，我在騰沖做培訓的時候，酒店一個朋友天天給我做酸醃菜炒紅菜豆。第一天覺得味道甚美，連續一週下來，我恨不得給他跪下，然而他還覺得十分好吃。這次再吃紅菜豆，覺得那種美好的感覺回來了，紅豆翻沙，而泡皮吸滿湯水，韌而帶香。

子母湯

泡皮就是把豬皮晾乾，用油炸過，表面佈滿泡眼。小的時候吃過，叫做「賽魚肚」，長大了就明白，大凡叫做「賽某某」的，其實都賽不過，無可奈何的一種樂觀罷了。

小張的館子為什麼人氣旺？慢慢我也明白了 —— 簡單的才美得真實。我們做餐飲的叫做家常菜，老百姓說「接地氣」，平民的才是大眾的，只要你認真做，生意就不會差。

順便說一下，八條一號對麵是家滷煮火燒店，也是小張開的，同樣顧客盈門，看著北京當地土著樂呵呵的開懷大吃，我覺得，生活，挺好。

娘惹菜裡是鄉思

看到肯德基出了娘惹風味的速食食品，不由搖頭 —— 這速食業大廠為了推陳出新，越發的混亂，食物體系不成章法。不過倒是勾起了我對娘惹菜的想念。娘惹菜，我在北京接觸過。那還是去馬來西亞人創辦的一家餐廳，吃了一些馬來西亞風味的菜品，其中就有娘惹菜。「娘惹」，是馬來人和中國人通婚後的女性後代，男性後代則稱為「巴巴」。娘惹菜其實在一定程度上也反映了華僑為融入當地社會所做的努力。可惜，中國人都長了一個思鄉的胃，在飲食上不能完全改變，於是，在福建菜和馬來飲食習慣融合的基礎上，娘惹菜橫空出世。

後來有機會去馬來西亞出差，專門去了麻六甲古城，因為麻

吃・品味

六甲是馬來西亞最早有華人移民的地方，所以娘惹菜亦是最正宗，我們拜託當地人一定要帶我們品嚐。他特意幫我挑選了一家價位並不高的館子，並一再說味道其實很好，只是沒有名氣，所以價格划算。透過再進一步瞭解，發現娘惹菜的做法其實還是基本中國化的，但是應用了不少當地特產的配料入饌。例如鳳梨、椰漿、香茅、南薑、黃薑、亞參、椰糖等，檸檬、香蘭葉等更成為不可少的佐料。娘惹菜結合了甜酸、辛香、微辣等多種風味，一般較為多汁，口味濃重，但是不同地區還有細微的不同。麻六甲以及新加坡等靠近印尼區域的娘惹菜偏甜，因為這個區域的人們愛使用椰子、中國香菜及蒔蘿菜來入饌；而在馬來西亞北部半島，特別是檳榔嶼地區的娘惹菜偏酸和辣，還常伴有蝦干蝦醬，因為受到泰國菜的影響比較多。

　　趕緊上菜吧，畢竟，旅途中，對熱飯有一種熱切的渴望。我們品嚐的有蠶豆洋蔥拌江魚仔、椰漿咖哩蝦、剁辣椒炸魚、黃薑燉雞、清炒青菜、白菜炒木耳和一碗蔬菜湯。

金露

令人鬱悶的是，我們一行人中除了我之外，無人愛吃娘惹菜。雖然和中餐比起來，我覺得這些菜顯得樸實無華，但是椰漿咖哩蝦和拌江魚仔還是給我留下了不錯的感覺。咖哩本身很香，加上椰漿來調味，除了增加了另一種香氣之外，口感上更能突出、配合蝦的甜美；而江魚仔本身是個下飯的小菜，用洋蔥這樣很衝的食材來搭配，再加上綿軟的蠶豆，就可以大放異彩。

相比菜品，我更喜歡娘惹菜裡的小甜品。天氣熱的時候可以來碗金露。在打碎的冰渣上，拌入椰糖，加上用香蘭葉打汁和上米粉製作的小米蝦，味道冰爽香濃，十分過癮。還有椰絲配椰糖米糕、香蘭葉米糕等，味道都很濃郁。也有像湯圓般的甜品，不過並不是煮，而是包了椰糖和椰絲的餡，裹了箬竹葉來蒸，那自然也是很香的。

小的時候，媽媽常開玩笑地說：在外面多吃點，吃飽了不想家。我想，在外的華人們，大家也要吃好生活好，卻更要記掛著我們在東方古老的家園。

吃·品味

飲・合德

古人訓誡喝酒：「少飲怡情，多則敗德」。飲酒是關於德行的事情啊。其實不僅僅是飲酒，喝茶、飲湯，都是有一定的規矩的。如果我們把「德」理解成符合規律而成就快樂，那麼會品飲，是日常卻必須重視的。不要拘泥於喝什麼，而是我們如何透過喝東西讓自己的心境與之契合，這就不是修行勝似修行了。所以，你的心能夠雲淡風輕，就能在一碗滇紅裡品味如春天般的美好。讓我們一起去尋覓吧。

飲・合德

那一杯梅妃與洛神

中國古代有上佳的葡萄酒，而且要用夜光杯去盛，在飲用之前已經迷眩於「葡萄美酒夜光杯」的遐思之中。但是這種葡萄酒應該和今日流行的國外釀造的乾紅葡萄酒是不同的，今日之葡萄酒一嘗就是符合西方人的口感──酸澀而追求飽滿。

可能大部分華人最熟悉的釀造紅葡萄酒的葡萄品種是赤霞珠。可是口味傳統的華人應該不會很喜歡或者說立刻接受赤霞珠葡萄酒的口感，因為酒體中的單寧較重，這成為華人不能承受之澀。遺憾的是，我就是一個口感很傳統的華人。喝過了赤霞珠、黑品諾、西拉、佳美、品麗珠、歌海娜、仙粉黛等釀造的紅葡萄酒，我發現仍然找不到我自己所喜歡的味道，雖然在香氣上，它們都有各自美妙的表現。

後來，有個朋友說：在法國波爾多產區，你可能喝到一瓶沒有赤霞珠的紅酒，但是每瓶紅酒都難逃梅洛的影子。梅洛？我明知道是個音譯的單字，腦子裡還是立刻反應出兩個印象：梅妃和洛神。

梅妃是唐玄宗的寵妃，後來被楊貴妃所嫉，先是失寵於玄宗，後來又在玄宗倉皇出逃時被遺忘，終死於安史之亂中。梅妃，這喜歡梅花的女子，想必不會太俗氣，何況別人稱讚她有才情。她喜歡淡妝素服，應該是清麗柔順的。而洛

神同樣是以美麗出眾而著稱的女子。想到那洛水之上綵帶飄飛的凌波微步，應該是一種驚世動人的輕盈。

恰恰，梅洛釀造的葡萄酒，無論怎麼被評價，是公認的柔順與適口。單寧柔順和回味柔和造就了梅洛葡萄酒的完美平衡，一下子就征服了我。但是梅洛的特徵不僅僅是「口感順滑」這麼簡單，實際上，在香氣方面，梅洛也呈現了迷人的變幻 —— 根據種植區域的不同，經過不同的釀造工藝後，像七彩方霞一樣，梅洛葡萄酒展現出不一樣的香氣特點。在法國、義大利和智利，那些氣候涼爽地區所釀製的梅洛葡萄酒，結構感很強，能夠散發出菸草、焦油和泥土氣息；而在美國、澳州和阿根廷這些氣候相對溫暖的葡萄產區所產的梅洛葡萄酒則具有明顯的莓類果香。

飲・合德

　　作為法國種植面積最大的葡萄品種，梅洛的運用十分廣泛，比如法國八大名莊的奧松酒莊（Chateau Ausone）和柏圖斯酒莊（Petrus）。奧松酒莊的創始人奧松不僅是一位詩人，也是當時羅馬皇帝的太傅，更主要的，他是一位真正的葡萄酒愛好者。在奧松莊園二零零二年的乾紅葡萄酒中，最主要的釀造葡萄就是梅洛，也是因為梅洛，讓這款酒充滿了類似黑莓的香氣，口感也更加圓潤。而更偏愛梅洛的是柏圖斯。柏圖斯的產量很低，在葡萄不好的年份，它會減產甚至停產，來維持酒的品質和酒莊的聲譽。而柏圖斯種植的葡萄百分之九十以上都是梅洛。一九九六年的柏圖斯乾紅葡萄酒更是使用了百分之百的梅洛葡萄釀造，而這款高級乾紅隨之以無可匹敵的圓潤口感和森林般的豐富植物香氣獲得上層人士的青睞。

　　我覺得梅洛也是性價比最好的紅酒之一，尤其是作為餐酒，推薦「石頭魚梅洛（SilverFish Merlot）」。這個系列的梅洛葡萄酒，通常在五百元台幣左右，往往帶著濃郁的黑莓香氣，略帶有淡淡的花香和木桶氣息，有著典型梅洛葡萄酒的特徵；而在口感上有濃濃的黑加侖和黑莓的味道，單寧（Tannins）順滑、柔順，層次也顯得較為豐富，回味悠長。

起泡酒的美好時代

葡萄酒一貫給人的感覺是優雅，不過就像人的性格，穩重太久，就想活潑一下。大凡這樣的人，往往能橫空出世一般照亮幽深的歷史甬道。

葡萄酒靜得太久了，就出點小泡泡活動一下，起泡酒就出世了。新生的事物開始總是讓人頭疼，據說十七世紀晚期當葡萄酒中出現氣泡後，香檳酒之父培里儂（Dom Perignon）修士十分懊惱，使用了很多方法來避免這種情況的出現。當然，他失敗了。由此，香檳誕生了，並且不可遏制地得到人們的喜愛。香檳當然是起泡酒的代表，但是起泡酒卻並不只有香檳，而且不只有白起泡酒。澳大利亞人用設拉子葡萄釀造出紅色的起泡酒，雖然看起來還是有些怪異，可是誰讓生活總是多姿多彩呢。

我還是喜歡白起泡酒。奢侈一點的就是巴黎之花香檳。香檳在法國人努力了幾百次之後，終於將法國香檳區生產的起泡酒確定為正宗的香檳酒，雖然法國就有兩個香檳區。哦，真夠亂的。巴黎北面的香檳區生產的是香檳，巴黎西南面的香檳區生產的是我喜歡的另外一種酒 —— 上好的白蘭地，我們叫它「干邑」。

飲・合德

一九九二年，當時的新興藝術家、玻璃製品大師艾米勒（Emile Gallé）採用蔓藤銀蓮花圖案為巴黎之花香檳酒廠製作出了高貴典雅的玻璃香檳酒瓶，從此開啟了「巴黎之花」香檳的美麗時光。

巴黎之花　　　　義大利之花

　　說實話，我關注巴黎之花是從被它的瓶子深深吸引而開始的，而且自從第一眼看到，就不能自拔。那綠色的玻璃瓶子晶瑩而深邃，上面阿拉伯彩釉燒焊的銀蓮花微微凸起，立體感很強，仿若散發著清雅的香氣。

　　這款酒，以法國白岸頂級葡萄園的精選莎當妮葡萄為主要原料，釀造出輕盈優雅的香檳，不僅充滿了果香，還有紫羅蘭般迷人的香氛，營造出濃濃的貴族氣息。而在法文中，Belle Epoque——美麗時光，指的是二十世紀初法國人崇尚極致奢華優雅的年代。在那個時期，到處都是歌舞、派對和時裝，所以，美麗時光表示的不僅僅是一段美麗的時間，更代表了一種歡樂、

幸福的生活場景。這種場景，在你品嚐巴黎之花香檳的時候，可以被完美地感受出來。

　　如果不這麼奢侈，是的，我可不能把錢全部都喝掉。那我們仍然可以選擇另外一朵「起泡酒之花」── 義大利之花。義大利之花的瓶子沒有那麼貴族氣，是平易近人的平民少女，在棕色的瓶體上盛開著色彩豔麗的花朵。義大利之花起泡酒倒在杯子裡是迷人的淺麥黃色，氣泡細密而且持久，散發出清新的水果香氣。最討巧的是，慢慢品飲，還能感受到一絲絲蜂蜜的味道，細膩柔滑，充分把瑪爾維薩（Malvasia）這款葡萄品種香氣豐富、

酸度低、甜度持久的特點展示出來。最好的是，用義大利之花甜型起泡酒配飯後的甜點，會給美好的食物畫上一個完滿的句號。

小桃紅

國外的葡萄酒，是個龐雜的系統。雖然我們也有「葡萄美酒夜光杯」的優美詩句，可惜在中國葡萄酒沒有被傳承下來。我猜測，外國的葡萄酒釀造文化和我們古代的是完全不同的，因而，我們理解起西方的葡萄酒文化來總是有些困難。這個困難表現在兩個相對應的方面：一方面是我們有時在乾紅中加入飲料，不僅干擾香氣，而且毫無必要 —— 那你還不如直接喝甜紅好了；一方面是我們很希望自己表現得像一個品酒專家，說色澤、香氣、滋味，都用專業術語，再加上一些產區的奇聞逸事，真的是顯得自己是西方貴族。

其實，過猶不及呢。葡萄酒就是一種飲料而已，如果你不是侍酒師，那只需要負責喝就好了。知道一些知識也是為了更好地品飲，不要把它作為一種符號、一種炫耀。葡萄酒並不總那麼高深，比如桃紅葡萄酒就是百搭利器。

年輕人很喜歡桃紅葡萄酒。用餐實際是種休閒，幹嘛要傷腦筋搞清楚一款酒的產區、年份和釀酒方法，而不是把更多的精力放在享受美食和酒香上面？桃紅葡萄酒不需要考慮這些，只需要選最新年份的，而一款口感稍微複雜的桃紅酒基本可以從頭菜配

搭到甜點。最主要的，桃紅酒不是動輒幾百上千的價格，日常飲用的桃紅酒，價格從六七歐元到十幾歐元不等。

我自己比較喜歡佳榭特的桃紅酒，因為在中國可以很容易地買到，而且是一款性價比很高的入門級桃紅酒。佳榭特的葡萄園在凡度山，凡度山屬於普羅旺斯大省。有的人說：普羅旺斯有三種色彩，薰衣草的紫色、地中海的蔚藍以及葡萄酒的桃紅。作為桃紅葡萄酒的誕生地，這裡釀造桃紅酒的歷史有兩千六百多年之久。二十世紀的法國小說家馬爾羅（Andre Malraux）曾經寫過一句話：「美麗的薰衣草田，那是葡萄的襁褓。」普羅旺斯不僅僅是薰衣草，而是那種羅曼蒂克的氣息，把地中海般深沉的柔情釀入了一瓶瓶的桃紅酒中。

桃紅酒的色澤是美麗的粉色果凍般的感覺。這美好的色彩來源於葡萄皮。釀造紅葡萄酒時，葡萄皮和果肉是完全參與整個釀造過程的，葡萄皮裡的色素把酒液染成了深沉的寶石紅；白葡萄酒是由果肉發酵釀造的，只保留了黃綠、蜂蜜般的清新；桃紅酒介於兩者之間，它讓葡萄皮參與一部分的釀造，而又不讓它呆那麼長的時間，故而皮裡的酸澀滋味也較少的進入酒液，只留下粉紅的色彩和清爽的味道。

這種清爽，成為桃紅酒清澈的晶瑩，如舞姿曼妙的少女，旋轉時輕盈地帶起一絲微風。桃紅酒的香氣是清麗的果香，有的時候會混合著香草或者野薔薇般的氣息，彷彿陽光下開滿野花的田野。入口卻又細膩而柔美，並不失大氣的內涵，表裡的差別，讓人驚喜，餘味乾淨而持久。

如果你想徹底地享有這一瓶的浪漫，千萬記住，桃紅酒的飲用溫度是非常重要的，她更喜歡在攝氏六到八度之間展現她最迷人的風采。沒有冰桶？沒有關係，冰箱的冷藏室就可以啦。猶如鄰家女孩，沒有那麼多繁雜的講究，卻一樣有顆甜美高貴的心。

高登琴酒：我的暮光之城

我是一個需要新的文字不斷衝擊的人，可惜的是，在市面上階段性的好書匱乏，當逛完了整個書店也實在挑不出一本值得購買的書後，我往往在有限的業餘時間裡百無聊賴。我可以悠閒，但絕不能無所事事，這讓我瘋狂。瘋狂的時候，我會看一些影片，甚至看一些我平時本不喜歡的題材，比如，這盤《暮光

之城》。

　　《暮光之城》講述的是一個年輕美麗的美國少女貝拉，因為父母離異而將自己放逐到偏遠的城鎮，她的心門也在慢慢關閉。然而在學校，同樣被視為異類且少言寡語的愛德華卻深深地吸引了她。他和她都在試探、躲藏、思索而最終愛戀的火焰騰空而起，吞噬兩顆青春躁動的心。愛德華是一個吸血鬼，雖然他和他的家族恪守著美好的願望，不傷害人類，但是貝拉要想融入這樣一個非人的世界，面臨的不僅僅是不便甚至是生命的危險。她和愛德華備受心靈的煎熬，卻不願放棄彼此心動的永恆。於是整部電影都被攪進了這樣一種情愫，無奈、抗爭、矛盾、堅定甚至一絲情慾，糾結著而無法突圍。這種好萊塢商業片的把戲、老套的故事，卻因為愛情、純潔的愛情這樣永遠不朽的偉大主題而依然引人入勝。

　　電影的英文對白完全超過了我的聽力水準，於是更多是依靠中文字幕。天哪，一個糟糕的翻譯足以謀殺所有看電影的人。在腦力的激盪和折磨中，我堅持裹著被子看完了這部電影的一、二部——《暮色》和《新月》。時針已經指向夜裡三點，我的大腦卻異常活躍，我必須做點什麼。打開櫃門，看到剩下不多的琴酒。

　　Gin（琴酒）是我喜歡的為數不多的外國酒之一，基本上是因為它那濃郁的杜松子香氣。是的，琴酒就是杜松子酒，而杜松子是杜松子樹的莓果，散發著強烈的類似松樹的辛辣的木頭味道。最早是荷蘭人發現杜松子有良好的利尿作用，因而把它浸製

飲・合德

在酒中蒸餾而獲得杜松子酒，這種藥酒在荷蘭並未發揚光大，反而在英國陰差陽錯而又抓住時機地大放異彩。亞洲常見的琴酒品牌，多的就是 Beefeater 和 Gordon's，都是英國產的琴酒。而我很奇怪，超級喜歡 Beefeater，卻非常討厭 Beefeater。高登琴酒很有個性，杜松子的香氣非常濃郁，喝下去口感非常的滑爽飽滿，沒有任何殺口的感覺，而滿嘴、滿鼻都是帶有些許香料味道的松木香。Beefeater 就差得多，圓滑的毫無特點，怪不得經常用來作雞尾酒的基酒，不像高登琴酒讓人明明知道危險卻欲罷不能。

喝了一小杯高登琴酒，略為昏沉，很安靜地睡去，居然一夜無夢，一個吸血鬼都沒有看見。

順記冰室

在廣州，我最愛的地方是荔灣。

荔灣的名字真的好美，「一灣溪水綠，兩岸荔枝紅」，那是怎樣的一幅潑墨彩畫？只有大自然才能調得出如此醉人的色彩。

荔灣還有一個名字，叫做「西關」。比較正式的說法是它位於廣州古城西門外的「咽喉關口」之地，故而稱西關。我倒是更喜歡另外一個傳說 —— 西關乃是菩提達摩西來初地。大約在一千四百六十年前，菩提達摩漂洋過海來到中國，最早在廣州落腳。後來被當時的梁武帝請至都城南京說法論道。

　　說到梁武帝，實在是個荒唐的人。杜牧的詩中說「南朝四百八十寺」，可見當時佛教的風氣是很盛的，而梁武帝本人甚至還上演過兩次捨身於寺廟再由文武群臣贖回的鬧劇。梁武帝本人是很為自己的「壯舉」而驕傲的，他見菩提達摩，得意洋洋地問：「我是皇帝，卻能那麼虔誠，建了如此多的寺廟，印了那麼多佛經，供養了成千上萬僧人，應該算是有很大的功德了吧？」達摩卻說：「實無功德。」梁武帝不僅不滿更是不解，達摩解釋說：「你的做法是帶有很強烈的目的性的，就是為了死後升天，實際上不過是一種物質利益交換。雖然確實也做了這些事，但是發心不對的話，就好像身子不正非要強求影子不斜一樣，不過是場鏡花水月。」梁武帝又問：「那麼什麼才是真功德？」達摩說：「禪家的真功德，首先指一種圓融純淨的智慧，它的本體是空寂的，所以首先不可以用世俗的觀念和方法去取得它，一旦你認為付出了什麼就應該得到何種結果，那絕不是真正的佛法，而是一種變相的交易。而佛祖如果和世人做這樣的買賣，那就不是佛祖了……」菩提達摩之佛法，梁武帝根本無法理解，達摩便果斷地「一葦渡江」，來到嵩山，開闢了禪宗的祖庭——少林寺。禪宗講「見性成佛」，是說發現和關照自己的本性，看到自己即佛，就能真正得到安樂。

　　而今日的西關，就我的本性而言，最喜歡的卻是無數美食。美食集中地，又數上下九步行街。上下九步行街有很多老字號，都在傳統的騎樓建築之內，比如蓮香樓的月餅、雞仔餅等舉世無雙，而南信的雙皮奶也是滑美得無可匹敵。吃了那麼多好吃的，

飲・合德

加上廣州一般氣溫較高，需要解膩的話，兩個選擇：一是吃苦——黃振龍的涼茶是也；一是食甜——靠近上下九位於寶華路八十五號的順記冰室吃冰品是也。

我更多的是愛順記冰室，因為順記冰室不完全是飲品，還有很多傳統的廣東美食，例如艇仔粥、腸粉等。但是作為一家有著八十多年歷史的老字號冰室，我最愛的還是它的榴槤雪糕。

水果中我最愛的就是榴槤啦，曾經在馬來西亞一次吃了幾個「貓山王」榴槤，然後擔心上火流鼻血，嚇得又喝了幾個椰子、吃了幾個山竹。順記的榴槤雪糕味道很正，並且不那麼甜膩，像榴槤般的甜到苦，而又化成絲絲的香，最後縈繞滿嘴，久久不肯散去；質感既不像哈根達斯雪糕那麼膩，也不像貝塞斯雪糕那般略微有點不夠順滑，是不那麼香豔到發膩卻又足夠風情的美好。

我記得第一次去順記冰室時同行的還有關係很鐵的兄弟李昀澄，當時他還在廣東衛視做美食節目主持，他最喜歡的是順記的椰子雪糕。同樣是濃郁的椰香，卻絕不像香精那般讓人煩悶，而是如海風吹拂椰林般令人傾心。

有關順記冰室：

榴槤雪糕

　　順記冰室據說由廣東鶴山人呂順在二十世紀二零年代創辦。相傳，呂順一家原以收買舊物為主，後來迫於生計，投靠了在泰國開冰室的姨媽，之後到香港九龍售賣自製的雪糕。日本侵占香港後，呂順便回到廣州。而當時的廣州，正值雪糕從國外剛剛傳入，是十分時髦的冷飲食品。呂順的雪糕全是使用貨真價實的水果純手工製作，開始是挑擔上街叫賣，很受街坊四鄰的歡迎。後來，他選擇了寶華路七十九到八十一號，創辦了順記冰室，因為這裡當時是富人、闊少經常光顧的地段，一下子名聲大振，後來在香港、澳門及東南亞都享有很好的聲譽。

　　二十世紀五零年代初期，順記冰室進行了公私合營，之後擴張鋪麵，增加設備和擴大經營，使之成為一間頗具規模的冷飲店。尤其是一脈傳承的椰子雪糕，選用國產椰子和泰國椰子，特別細膩潤滑，芳香誘人，成為招牌產品之一。後來曾一度更名為「反修冰室」。一九七八年增開早茶市，並改為「椰林冰室」，直到一九八六年秋天才又恢復「順記冰室」的舊號，至今已成為一家經營冰品、甜品、飲料、簡餐的綜合性食肆。

浸泡著紹興的黃酒

　　一說到紹興，我最先想到的是烏篷船在水道裡咿呀而過；接著就想到了蘭亭一會，留下千古書法絕唱；然後便是秦始皇登過的會稽山，還有字字啼血的《釵頭鳳》⋯⋯不對，等等，其實還有黃酒，而整個紹興，也許正是因為被黃酒浸泡著，才散發出如此迷人的香氣。

　　黃酒是多麼適合我的酒啊，它不像白酒那麼烈，一邊喝一邊還擔心著身體，即便酒量不錯，還要時時記著老祖宗的提醒 ——「少則怡情，多則敗德」；它不像紅酒那麼拒人於千里之外，你會不會喝？你能品得出來這個拉菲其實是副牌麼？喝酒就是喝酒，弄的這麼不痛快；它不像啤酒那麼考驗人體的容量，還占據了美食的庫存。黃酒健康，中醫說它活躍氣血，滋補經脈，西醫說它富含氨基酸，可以抵抗衰老；黃酒酒精度數低，所以不管什麼人，都可以來幾口，不至於冷場；黃酒可以搭配菜品，基本百無禁忌，你願意怎麼喝都行；最主要的，我覺得黃酒真的好喝。

　　紹興黃酒的主要品種分為元紅、加飯、善釀和香雪，再加一個太雕。元紅最乾，或者說最酸，香雪最甜。太雕也甜，但它是用善釀和加飯勾兌的，不是一種直接釀造的黃酒品種。元紅也叫狀元紅，因過去在壇壁外塗刷朱紅色而得名；加飯酒顧名思義，就是在原料配比中增加糯米的用量而稱之為「加飯」；善釀

酒是以存儲一年至三年的元紅酒代替水釀成的雙套酒，也叫母子酒，酒體呈深黃色，香氣馥郁，質地濃，口味甜美；香雪酒是採用百分之四十五的陳年槽燒代水用淋飯法釀製而成，也是一種雙套酒，酒體呈白色，像白雪一樣，帶有濃郁的甜香。這裡面沒有我們經常聽說的「花雕」。為什麼呢？因為花雕不是一個品種。在紹興，三年陳期以上的黃酒就可以稱之為「雕」，而裝好酒的罈子，一般都是畫的人物故事、山水花鳥，色澤比較豔麗，還要用瀝粉堆塑的方式形成浮雕造型，故而稱之為「花雕」。其實大部分的花雕都是陳年加飯酒。加飯酒雖然是半乾型的黃酒，但對於大部分的北方人來說仍然偏酸，所以後來咸亨酒店才創製了太雕酒，比較適合北方人的口味需求。女兒紅、狀元紅都應該算花雕酒的一種，也是一種俗稱，與古代的生活習俗有關。早年間的江浙人家生了孩子，父母會釀幾罈子酒埋在後院桂花樹根底下，等孩子長大成人後挖出來喝。生女兒的話，女兒長大出嫁時喝的叫女兒紅，生兒子的話，兒子讀書金榜高中時喝的就叫狀元紅。

　　不管是哪一類的黃酒，只要是好酒，必須六味調和，這六味是：

甜味。糯米經過發酵產生的甜味，會讓黃酒產生滋潤、豐滿、濃厚的感覺，也容易讓人產生回味。

酸味。如果黃酒是單純的甜，那是沒有底氣的，而且必然會讓人產生「膩」的感覺，所以一定要有適度的酸來中和，而且這種酸本身又是一種複合味道的酸，才不至於變成「傻酸」，才會讓黃酒味道更加有層次感。

苦味。酒中的苦味物質，在口味上靈敏度很高，而且持續時間較長，有了苦味才會讓人有「繞樑三日，餘音不絕」的回味。不過和葡萄酒不同，黃酒的苦味不是來自於單寧，但這種苦味同樣使黃酒味感清爽，給酒帶來一種特殊的風味。

辛味。黃酒之所以是酒，不是糖水，是因為它含有酒精。酒精的辛辣味，讓人具有在控制和超脫之間的那種興奮。

鮮味。鮮味為黃酒所特有，因為黃酒中有很多氨基酸型的鮮味物質，它們傳達出一種難以描摹的美好，令我們在運用辭藻方面束手無策，只好把這種感覺稱之為「鮮」。

澀味。前面所說的五種味道，既需要次第展開，又會在展開中發生新的碰撞，交融形成新的味道，而新的味道又再次碰撞和交融，發生複雜到難以言表的變化，但是這種變化因為過於豐

富，甚至帶有凌厲的「殺氣」。澀味的出現，如同神奇的點化，讓黃酒在濃厚中出現了美妙的柔和感。

說了這麼多，還是沒有現實那麼豐滿。我記得那天我是在石橋旁的一家小店，要了一壺黃酒，倒出來是濃稠的橙紅，散發出令人愉悅到癡迷的香氣，就著面前一盤梅乾菜燒肉，呷了一口，才發現那種感覺必須用紹興話才能形容──「咪老酒」，不止咪的是一口紹興黃酒，還有因為太過幸福不由自主瞇起的眼睛。

雲南小粒咖啡，香遍全球

咖啡、可可和茶並稱世界三大飲料。咖啡的地位難以撼動，我想和它不可磨滅的香氣有著必然的關係。

咖啡的香氣是一次的和盤托出，倒是和西方人的性格差不多，他們一般是直接和濃烈的。萃取精華，有著飛蛾撲火的執著，只在乎生命最耀眼的一瞬，而不在乎結果是渣滓還是灰燼。中國人的茶不同，第一遍是溫柔的試探，第二遍是心意的初顯，第三遍是不死不休的生死纏綿，哪怕是葉底，都餘著一縷冷香。中國人不是不執著，而是認定了，連下輩子都打上追尋的烙印。這種不同還是很明顯的，你看西方人學中國人做茶，把茶種搬走了，可是做茶卻是 CTC（壓碎：crush，撕裂：tear，揉卷：curl）聯切，出來的成茶是茶末，精華都在第一遍，倒和喝咖啡相似。

飲・合德

　　有意思的是，中國人也種咖啡。世界知名的咖啡品牌——雀巢和麥斯威爾，這十幾年來，大部分的原料都來自於中國，尤其是雲南的小粒咖啡。

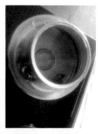

　　雲南小粒咖啡不是一個正規的學名，只是咖啡果實的大小要小於南非這些地方的咖啡，它包含了幾個品種，最常見的是阿拉比卡（Arabica），也有波旁（Bourbon）和鐵比卡（Tybica）。雲南小粒咖啡的種植大約是十九世紀末由在雲南的法國傳教士發端的，與咖啡同時出現的，還有葡萄酒。今天，我們在雲南很多偏僻的山村看到村民熟練地用土罐子煮咖啡飲用和品嚐著自釀的葡萄酒時，都會感到不可思議，其實他們大概已經接受這種生活方式一百一十多年了。

　　雲南能夠給小粒咖啡一個揚名世界的機會，是因為雲南本身的自然環境十分對小粒咖啡的胃口。小粒咖啡最適合生長在海拔

八百到一千八百公尺的山地上，如果海拔太高，則味發酸；海拔太低，則味易苦。在雲南南部地區，例如西雙版納、德宏、保山、普洱等地，具備了栽種高品質小粒咖啡的各種條件，這些地方的自然條件與世界知名的咖啡產地哥倫比亞、牙買加等地十分相似，即低緯度、高海拔、晝夜溫差大，出產的小粒咖啡酸味適中，香味濃郁且醇和，屬醇香型。所以在雲南當地，人們都把小粒咖啡叫做「香咖啡」 —— 在本來很香的咖啡前面再加一個「香」字，可見小粒咖啡的香氣是多麼的濃郁。

正是因為小粒咖啡的香氣突出，苦味和酸度經烘焙後都比較容易平衡，所以煮小粒咖啡時不一定非要用虹吸壺那麼費事的器具。我小的時候，外婆還曾經用大瓷茶壺放在電爐子上煮過小粒咖啡，現在想起來都很香濃。當然，現在都是按照你的口味選擇不同烘焙程度的咖啡豆，店家會幫你磨成咖啡粉，辦公室裡備一把小巧的摩卡壺就可以煮咖啡了。

摩卡壺（Moka Pot）是在二十世紀 30 年代在義大利發明的。這個名字來自也門摩卡市，這裡持續好幾個世紀都是高品質咖啡的中心。每個摩卡壺都包括一個汽缸（底部壺膽）、過濾漏斗、可拆卸的帶有過濾器的收集器（頂部壺膽），它們由一個橡膠墊圈固定。咖啡粉要適當的粗一些，因為摩卡壺是使用大約兩倍於大氣壓的水蒸氣經過咖啡粉而萃取噴淋出濃郁的咖啡的。小粒咖啡的剩餘粉末倒還真是符合咖啡的特質，剩下的香氣也要濃一些，放在小盒子裡，特別適合吸取空氣中的異味。有一陣子辦公室裡總有吸菸的人來，我又不好意思放一塊「吸菸罰款 500 元」

的牌子，只好改喝小粒咖啡，那咖啡粉末吸收煙氣，管用了好長一段時間。

一包冰糖吊梨膏

　　北京突然出現了沒有想像到的霧霾，後來問了問親戚朋友，基本上都霾了，中國除了西藏和雲南，陷入了「十面霾伏」之中。各路專家都出來發表了一下見解，主要圍繞著口罩，這PM2.5到底用什麼去阻擋。後來一位很知名的專家出來說了一下：這是誰都跑不了的，不從根本上解除霧霾，買什麼口罩都意義不大。

　　人還是得有希望，我的慣性思維是，先看看能吃點什麼，這就想起了梨膏糖。傳說梨膏糖是唐朝有名的賢相魏徵發明的。魏徵的母親多年患咳嗽氣喘病，魏徵四處求醫，但無甚效果。後來這事讓唐太宗李世民知道了，即派御醫前往診病。御醫仔細地望、聞、問、切後，開始抓藥，例如川貝、杏仁、陳皮等皆是理氣宣肺的對癥之藥。可這位老夫人卻十分怕苦，拒絕服用中藥湯，魏徵也沒了辦法。偶然一次，老夫人想吃梨，可是年老齒衰，連梨都嚼不動了。一個是不想吃的中藥湯，一個是想吃但是嚼不動的梨，魏徵一合計，乾脆把梨汁、中藥湯摻在一起，可是不僅稀湯掛水的，還特別麻煩，而且誰也沒肚量一下子喝那麼多湯湯水水啊？得把湯水濃縮。用蜂蜜和冰糖把湯水收濃，

最後凝成糖塊。這糖塊酥酥的，一入口即自化，又香又甜，還有清涼的香味，老夫人很喜歡吃。結果最終靠這個糖塊治好了老夫人的病。

　　傳說歸傳說，不過梨膏糖確實是以雪梨或白鴨梨和中草藥為主要原料，添加冰糖、橘紅粉、香櫞粉等熬製而成，故也稱「百草梨膏糖」，主治咳嗽多痰和氣管炎、氣喘等症狀。

　　梨膏糖南方很多地區都有，但是略有不同。安徽的梨膏糖有熟地、滿山紅和肉桂等藥材，但其他地區的梨膏糖裡不多見，而且安徽秋膏糖的組方也比較龐大，有五十多種藥材。上海梨膏糖的方子比較小，只有十幾味中藥，但療效也不錯，花式比較多，甚至還有蝦米味的梨膏糖。蘇州的梨膏糖不夠晶瑩，味道也相對較苦，可是見效最快。

　　賣梨膏糖自古有「三分賣糖，七分賣唱」一說，就算你的梨膏糖再好，不會叫賣也是不行的。而且這種叫賣是用一種曲藝打趣的方式唱出來，逐漸形成了「小熱昏」這種馬路說唱藝術。我們就在蘇州地區的一首《梨膏糖》小熱昏中結尾吧：

　　小小鳳琴四角方，初到你們貴地拜拜光，

飲・合德

一拜賓朋和好友，二拜先生和同行。

梁山上一百單八將，百草膏裡一百零八樣，

有肉桂來有良薑，溫中和胃趕寒涼。

打魚的吃了我的梨膏糖，捕得魚兒裝滿艙，

砍柴的吃了梨膏糖，上山砍柴打到豺狼。

種田的吃了我的梨膏糖，遍地的莊稼多興旺，

稻子長得比人高，玉米結得尺把長。

大胖子吃了梨膏糖，血脂血壓降到正常，

體重稱稱有一百二，無憂無慮精神爽，

哎嗨喲，無憂無慮精神爽。

小瘦子吃了我的梨膏糖，三餐茶飯胃口香，

以前做褲子要六尺布，現在做條褲子要一丈，

哎嗨喲，做條褲子要一丈。

男人家吃了我的梨膏糖，又當老闆又把家務忙，

大嫂子吃了梨膏糖，養個兒子白又胖，

哎嗨喲，兒子長得白又胖。

小夥子吃了我的梨膏糖，找個對象真漂亮，

小兩口日子過得好，一疊一疊鈔票存銀行，

哎嗨喲，一疊一疊鈔票存銀行。

小伢子吃了我的梨膏糖，聰明伶俐又說會唱，

睡覺甜來吃飯香，從小至今他不尿炕，

哎嗨喲，從小至今他不尿炕。

老頭子吃了我的梨膏糖，脫掉的牙齒又重新長，

老奶奶說兒子他不在家，老頭哉你要識識相，
哎嗨喲，老頭哉你要識識相。
老奶奶吃了我的梨膏糖，容光煥發精神爽，
兒子媳婦把班上，帶好孫孫小兒郎，
哎嗨喲，帶好孫孫小兒郎。
禿子吃了我的梨膏糖，一夜頭髮長得烏楨楨，
啞巴吃了梨膏糖，放開喉嚨把大戲唱，
哎嗨喲，放開喉嚨把大戲唱。
瞎子吃了我的梨膏糖，睜開眼睛搓麻將，
聾子吃了梨膏糖，戲院子裡面聽二簧，
哎嗨喲，戲院子裡面聽二簧。
麻子吃了我的梨膏糖，坑坑窪窪就光堂堂，
駝子吃了梨膏糖，冤枉的包袱摺下江，
哎嗨喲，冤枉的包袱摺下江。
瘸子吃了我的梨膏糖，丟掉拐杖跑賽場，
癱疤子吃了梨膏糖，走路一蹦有八丈，
哎嗨喲，走路一蹦有八丈。
梨膏糖倘若能治病，又何必找醫生開處方，
只不過是一段荒唐笑話，茶餘飯後消遣欣賞，
哎嗨喲，茶餘飯後消遣欣賞。

化作洛神花

　　台東的金峰，盛產洛神花。洛神花是金峰最大的財富，每年一到十月、十一月，金峰的山野裡到處都是豔紅的洛神花，在晶亮的陽光下閃耀著光彩。不過那紅色的美麗並不是真正的洛神花，只是她的花苞而已，真正的洛神花是小小的隱藏在裡面的，白色的帶著一點紫，每天早上會開放，十點不到就會悄悄謝去。

　　洛神花是百搭的。臺灣人也會組合，看似亂七八糟，倒也有不少菜式。洛神花本身含有果酸，所以如果不加糖，恐怕一般人都無法下嚥，除了做蜜餞，洛神花的這個特性也特別適宜和海鮮以及排骨搭配，果酸會增加海鮮的鮮甜，也會讓排骨減少油膩。比如洛神蝦球春捲或者洛神排骨。洛神蝦球春捲是做成薄薄的半透明的春捲皮，包裹著用洛神花煮過的蝦球，青翠欲滴的花葉生菜，香滑的美乃滋，一定還要一塊洛神花蜜餞。這樣吃起來，會有蝦肉的鮮甜、生菜的自然氣息還有濃郁滑膩的美乃滋的味道，而在你快要覺得生膩的時候，充滿酸甜奇妙口感的洛神花蜜餞恰到好處地出現了，讓你不禁滿口生津，而且回味欲醉。洛神花排骨製作時需要先把排骨醃漬入味，然後在油裡酥炸，最重要的當然是調洛神花醬汁。另起一鍋，在鍋裡熗好蔥薑，加上幾勺蔗糖，然後倒入泡好的濃濃的洛神花水，慢慢收成濃稠的醬汁，趁著排骨還熱，澆裹上去，再加上一些九層塔在上面，洛神排骨就做好了。排骨帶著酸甜在口腔裡曼妙起舞，各種美妙的滋味次第呈現，還帶著一絲九層塔仿若九霄凌空的香氣，讓平常即使不怎

麼吃肉的人也會大快朵頤。

　　其實最喜歡的還是洛神花茶，因為最簡單，也最能展現洛神花的美色。洛神花茶有著豔麗如同寶石的光芒，而如果加些薑，待到溫熱時再調入濃稠的野蜂蜜，喝下去會是暖暖的酸甜。每當喝著洛神花茶，我都會想起那個傳說 —— 洛神花是洛神的血淚凝結而成，它讓你看到愛情的美麗，也會讓你嘗到愛情的酸甜。

　　你，是否已經找到那個為你煮洛神花茶的人或者值得你為他（她）煮洛神花茶的人了呢？

雪菊盛開在崑崙

　　崑崙山是萬山之祖，西王母的瑤池就在那裡。想必，那種青鳥在天空飛騰，凌雲鐘乳倒映玉波，碧玉之樹和千年蟠桃光芒閃爍的景象就是第一重天的美景了吧？然而這些都是仙境，在人間，崑崙山還是那麼攝人心魄、氣勢逼人，終年白雪皚皚，海拔

飲・合德

的高度壓得人喘不過氣來。

在「天上無飛鳥，地上不長草，氧氣吃不飽，六月雪花飄」的喀喇崑崙山上生活，除了高山反應和疾病帶來的痛苦外，最難耐的是寂寞。山上到處白雪皚皚，連棵小草都沒有，更別說什麼綠色。可是卻能生長高山菊花！在一片白色的荒蕪之中，突然看到野菊花，每個人都會被它的美震驚——綠色的枝葉，金黃的花朵，孤獨而倔強地挺立。維吾爾族把這種

植物叫做崑崙雪菊，維吾爾族語發音為「恰依古麗」，據說是原來維吾爾族的貴族們用來泡茶的一種植物飲品。我想這個可能有點穿鑿附會，崑崙雪菊原產於美國，學名叫做「蛇目菊」，在中國栽培的時間不長。

雪菊的花朵像是雛菊，但是是單瓣的，所以花乾顯得有點單薄。花瓣還是金黃色，帶些橙色，花蕊是棕褐色發黑，聞起來有濃郁的香氣。用開水一泡，香氣高揚，可以聞到濃郁的紫羅蘭般的香氣，又帶著一絲野菊花的清香，好像還有崑崙雪般的清氣。而茶湯的顏色也很快從淡黃變為金黃，幾分鐘後居然紅濃似血。小心的嘗了一口，嗯，也是滿嘴生香呢。想著，如果有機會能用

崑崙山的雪水沖泡，那一定會更加的甘甜。

　　崑崙雪菊含有對人體有益的十八種氨基酸及十五種微量元素，尤其是黃酮的含量很高，所以長喝崑崙雪菊倒是有很好的保健作用，對高血壓、高血脂、高血糖、冠心病等都有一定的調節效果，並有殺菌、消炎、減肥、預防感冒和慢性腸炎的功效，對於失眠也有相當好的調理作用。不過，中國人尤其是中醫看待這些東西，都是很理性的，一切藥石針劑都是撥亂反正，當把你臨時出軌的身體撥回正道上，藥就失去了正向的作用，就變成了「是藥三分毒」。身體的正軌靠的是精氣神去把握，有一顆強大的心靈、善良的情緒和一雙善於發現美的眼睛，走入大自然，身體自然就健康了。

鳳凰蛋和苦柚茶

　　武夷山是神奇的寶庫，風景秀麗，山峰蔥鬱雄奇，九曲十八彎的溪水和山泉相伴，縈繞出一塊風水寶地。這樣獨一無二的環境，生長著同樣神奇的武夷茶樹，在歷史上有記載的名叢就不下八百種，更別提這名叢裡面赫赫有名的大紅袍、水金龜、鐵羅漢、白雞冠、半天妖和肉桂、水仙等武夷岩茶了。我喜歡武夷岩茶，自認為喝過的種類也不少，後來還發現了兩樣有意思的東西和武夷岩茶有關。

　　武夷山是個山區，居民居住比較分散，後來慢慢形成了趕集

飲・合德

的習慣，人們利用相對固定的日子來購置生活用品，這樣的集市在武夷山被稱為「柴頭會」。開門七件事，柴米油鹽醬醋茶，以柴開頭，都是針頭線腦的小事，卻是生活中不可或缺的。在武夷山的柴頭會上，人們往往都要買一些「鳳凰蛋」，作為居家生活的必備品。

我第一次看見鳳凰蛋的時候，完全搞不清楚是什麼東西。鳳凰蛋這名字很好聽，實際上長得卻像「鵝糞蛋」，就是拇指粗細、三四釐米長的草末形成的橢圓球。顏色也是巖灰色，聞起來有淡淡的藥香。「這可是好東西，是純天然的」，古巖芳茶業的老闆娘告訴我說。「哦？有什麼用麼？」我開始感興趣了。「這是我們武夷山的老人上山找一些野生中草藥，加上武夷岩茶，一起製成碎末再黏合在一起的，家家的配方都不一樣，有十幾味藥吧，我們這些小輩都不會做，可是家家戶戶從小就可以給孩子喝這個，什麼積食啊、感冒啊、肚子疼啊，都可以治，喝幾天就好了。」老闆娘繼續解釋道。

既然這樣，還不趕緊嘗嘗？我找了玻璃杯，將一顆鳳凰蛋泡在了開水裡。湯色慢慢變成淡淡的黃色，中藥香也散發出來了。嘗一口，有清涼的口感，雖然不知道具體的方子，但是裡面有艾草的香氣。正好那幾日感冒，我買了一些回家，連喝了三天，嘿，感冒還真好了。鳳凰蛋，也許是因為「鳳凰銜芝，身強體健」而得名的吧，看起來，它還真對得起這個名字。傳統的東西有的時候真管用，為什麼？那麼長時間的實踐下來，證明它是好東西，應該不會錯。

鳳凰蛋

鳳凰蛋　　　　　　　　　苦柚茶

　　除了鳳凰蛋，武夷山還有一樣居家必備的土藥，倒比鳳凰蛋好看多了，就是「苦柚茶」。苦柚茶是我的叫法，在武夷山它被叫做「看家茶」，是武夷山茶農世代的保健茶。所謂「看家茶」意指作為藥用放在家中的備用茶。武夷山的野生柚子，個頭比蜜柚稍小，它的果肉是不能吃的，苦澀極了。所以把野生苦柚削一蓋頂，掏出其中的果肉丟棄，把剩下的整個柚皮晾至八分乾後，填入武夷岩茶未焙火的毛茶，也有把茶與山草藥相配置一塊裝入的，再將苦柚頂蓋和身子用棉線縫合好，最後將其掛在煙囪的磚壁上烘乾，存放一年後即可藥用。當然也不怕陳放，陳放時間越長越好。使用的時候，掀開頂蓋，把裡面的茶拿出煮水或浸泡，也可以把苦柚皮掰成小塊，一起浸泡飲用，味道比一般茶苦，但是也有了一般茶不具備的藥效。苦柚茶不僅可以防治感冒，還可以治療咳嗽、胃腹脹氣等症狀，更神奇的是，如果與土雞一起燉

後食用，還對氣喘有一定的療效。

好山好水出好茶，好茶亦是好湯藥。美麗的武夷山，不僅用風景慰藉人們的心靈，也用岩茶熏染人們的情懷，還用鳳凰蛋和苦柚茶滋養人們的身體，大美勝境，於斯處矣。

絢爛的乾隆，清香的茶

清朝歷代帝王中，從文化遺留的角度來說，我最喜歡康熙和雍正，較討厭乾隆。康熙朝的器物一般都比較大氣，一看就有開創盛世的胸懷；而雍正朝的東西，在大氣的底子上，別有心思，卻不過分，耐看也值得反覆品味。乾隆朝的東西太過豔麗，紛繁複雜，一看就是過於自我標榜，但已經失掉了胸懷海內的霸氣、威加四方的豪氣，屬於強撐門面型。

乾隆這個人做人也是如此，好大喜功，強撐著天朝上國的門面，卻沒有發展的後勁，眼界已經駛入歷史的「慢車道」。在文化方面，乾隆皇帝幹過的一件事是我很欣賞的，也是唯一欣賞的，是他對龍井茶的評價。乾隆皇帝評價龍井說：「啜之淡然似乎無味，飲過後方有一種太和之氣，瀰漫乎齒頰之間。」所以西湖龍井茶是「無味之味，乃是至味」。這個評價的水平非常高，可以說是龍井茶的知己。龍井茶在明朝的時候並不算是特別好的茶，可是在清朝就確立了茶之精英的地位，這和乾隆的大力推廣也是分不開的。

乾隆題詩

清鬥彩五倫茶具 - 君臣父子
夫婦兄弟

清乾隆御題詩鬥彩杯

乾隆三清茶：松子、佛手、
桂

龍井茶一直到現在，盛名不墜，但是相比普洱中的易武、岩茶中的大紅袍等，確實不夠熱鬧輝煌。這和現在的人們內心不夠寧靜有關。中國的先賢，不論是否身在亂世，四處飄零，內心是寧靜的；而現在的我們，不論身外之境如何，首先的問題，是內心充滿了動盪、試探、投機和慾望，所以我們的口味越來越重，吃的菜品越來越辣、越鹹、越膩，喝的茶越來越濃、越香、越烈，我們已經失去了品味清鮮的能力。品飲龍井茶是需要一顆寧靜的心的，奇怪的是，一位追求形式的盛世帝王，卻能成為龍井茶的知己，這確實讓我對乾隆有了全新的看法。

然而，龍井的美好不是每個人都能那麼深刻的理解，在世間，有的時候我們確實也需要利用一下形式的東西，而最好是把它變成一種儀式。這一點，乾隆顯示出了他更高明於常人之處。

從乾隆十年開始，在以前宮內茶宴的基礎上，乾隆皇帝在正月的某一天都會在重華宮開設「三清茶」宴。三清茶宴固定的地點就是在重華宮，在乾隆是皇帝時如此，在他是太上皇時也如此，甚至在他駕崩之後，嘉慶、道光、咸豐等皇帝也是如此。茶宴的人數也較為固定，剛開始是十八人，效仿唐太宗登瀛十八學士，後來是

二十八人，對應天上的星宿之數。這二十八人都是為人所羨慕的，因為只有寵臣才能中選。而能夠成為寵臣，最起碼要有一定的修養學識，才能在三清茶宴上聖恩更隆。

但不管這些人如何受寵，三清茶宴的主角永遠是三清茶。三清是哪三清？梅花、佛手和松子。乾隆帝曾做《三清茶》詩：

梅花色不妖，佛手香且潔。松實味芳腴，三品殊清絕。烹以折腳鐺，沃之承筐雪。火候辯魚蟹，鼎煙迭生滅。越甌潑仙乳，氈廬適禪悅。五蘊淨大半，可悟不可說。馥馥兜羅遞，活活雲漿澈。偓佺遺可餐，林逋賞時別。懶舉趙州案，頗笑玉川譎。寒宵聽行漏，古月看懸玦。軟飽趁幾余，敲吟興無竭。

但不是只用這三清煮水，三清茶的基底仍然是上好的龍井茶，烹茶的水是頭年存的雪水。能享受貢茶，而且是這麼一種隆重私密的形式，確實是非常令人羨慕的。茶宴茶宴，雖然帶了一個「宴」字，卻沒有任何酒肉菜品，只配一些點心、餑餑，還都是清淡的。隨送的也都是歌舞、詩詞，倒真的是清雅。

三清茶宴還有一個規矩，就是喝茶均用乾隆命令御製的三清茶瓷質蓋碗，上面燒製有乾隆《三清茶》詩。今日世上雖無三清茶宴，倒還能看到這青花三清茶碗，平添追古之思。

何以永年，吾斟永春

我去看馬克西姆的賀經理，賀經理送我幾盒永春佛手。

真好，我還沒喝過永春佛手。

開了真空包裝的小袋，看到的茶好像比其他的茶量少，可是顆粒很大，重結緊實。色澤是綠而烏潤的，還能看到有紅褐的色點。聞一聞乾茶，倒是不那麼香，用燙過的茶壺捂了一下，仍然是沉穩的香。燒了礦泉水，沖泡了幾遍，茶湯是黃亮而晶瑩的，香氣依然說不上高揚，可是我卻真的喜歡。

對待茶香，也許大多數的茶客都有一種矛盾：希望有濃郁的香氣，可是一旦香氣過於高揚，要麼是茶裡面添加了香精，要麼就會是在製茶時為了追求香高，而損失了茶深刻的韻味。以香氣而著稱的臺灣烏龍茶，大部分是以損失茶湯的厚重為代價的，這種代價有的人認為值得，有的人，比如我，感到很惋惜。茶香和茶韻是不能分開的啊。沒有茶香，茶韻無處可覓，可是沒有茶韻，茶香就無枝可依。什麼是好茶？從某種意義上來說，是香和韻能夠平衡的茶。我自己覺得臺灣的杉林溪茶，雲南的蠻磚普洱茶，岩茶裡的水金龜，紅茶裡的滇紅、川紅等都能做到，而現在我又發現了永春佛手。

飲・合德

永春佛手的香氣是隱忍的，但卻豐厚、高潔而細膩，帶著明顯的近似於香櫞般的香氣，香氣雅而茶韻正。為什麼說「正」？就是它的韻味濃而不邪，強而不烈，穩重綿長。因為韻味好，所以香氣迴腸蕩氣，走通四肢百骸，令人非常舒服，而不是受到香氣的刺激。

根據永春民間傳說，佛手茶源於鐵觀音的故鄉安溪金榜山村騎虎巖寺，已有數百年的歷史。當時寺中有位老和尚，喜歡品茶和種植佛手柑。一天，他突發奇想：如能讓茶有佛手的香味該多好！於是試著剪下幾枝大葉烏龍茶樹的芽穗，嫁接在佛手柑樹上，成活後，製成的茶葉果然有佛手柑的風味，和尚便名此茶為佛手茶。

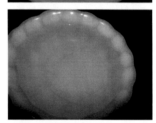

這個傳說我是不太相信的，畢竟佛手和茶樹是兩種完全不同的植物，這樣的嫁接能否成功或者說是不是現實都是個問題。推論來看，今天的永春佛手茶並非是將茶苗嫁接在佛手柑上產生，而應該是一種極為古老的茶樹品種。根據宋代茶書《東溪試

茶錄》所記，當時就「有柑葉茶。樹高丈餘，徑頭七八寸，葉厚而圓，狀類柑橘之葉。其芽發即肥乳，長二寸許，為食茶之上品。」《東溪試茶錄》所記之茶主要是北苑之茶，地處閩北腹地建溪支流東溪一帶，宋時名盛一時，後來也成為御茶園。這種柑葉茶何時何地由何人傳到安溪去，現在已不可考，但應該與永春

佛手茶屬同一品種。但是還有一個不同之處在於：宋時北苑的柑葉茶樹形較為高大，屬小喬木形；如今的永春佛手屬灌木形。不過，因為長期的環境和栽培方法的變化而產生的樹形變異，在茶樹間倒是十分常見的。

　　佛手茶的另一個最大特點是具有特殊的保健作用。大部分的茶類雖然可以促進腸道蠕動，提升人體的消化功能，但是茶鹼浸出物對胃還是有一定的刺激。可是永春佛手卻能夠養胃，而且對支氣管氣喘及膽絞痛、結腸炎等疾病也有明顯的輔助療效。福建中醫學院藥學系吳符火、郭素華、賈鉫等人曾對佛手茶試驗研究作過題為「永春佛手茶對大鼠實驗性結腸炎的療效觀察」的實驗，結果顯示，佛手茶可明顯縮短大鼠拉黏液便和便血時間及大便恢復成形的時間，局部炎症亦提前得到恢復，提示佛手茶對結腸炎有一定的治療作用。而在當地，永春佛手一直是民間上百年來治療胃腸炎的一種妙藥。

　　永春佛手不僅香氣悠然，韻味雅正，看來還是一種很好的保健佳品。「盈縮之期，不但在天；養怡之福，可得永年。幸甚至哉，歌以詠志。」

鳳兮鳳兮向日朱

鳳凰單叢的宋種就剩一點了，勉強湊成一泡。「宋種」是個概稱，表示茶樹老，類似於「飛流直下三千尺」，不能完全當真。

我記得外國人很看重老藤葡萄，因為釀出的酒特別醇和。葡萄樹齡的大小，跟酒的質量有著很直接的關係，使用樹齡越大的葡萄樹產出的葡萄，釀出的葡萄酒質量就越好。因為樹齡越大的葡萄樹，根系就越發達，可以從地下吸收到更多的物質。但是葡萄的老藤有個限度，超過一百年的葡萄樹產量銳減，品質也開始走下坡路。

這和中國茶又不同。中國的老茶樹基本都是老當益壯的，普洱茶中幾百年的老樹不少，而且品質上佳。潮安縣鳳凰烏峴山所產的鳳凰單叢茶，則是烏龍茶品種中別枝的佼佼者。據傳南宋末年，宋帝兵敗南逃，路經鳳凰烏峴山時口渴，侍從採摘一種樹葉烹煮，飲之止渴生津，遂稱該樹為「宋種」。此後，「宋種」在當地廣為栽植，現在鳳凰烏峴山上已生長幾百年的茶樹隨處可見。其中最大的一株「宋種」後代「大葉香」，樹圍一點多米，樹高五米多，樹冠披張成半圓形，占地面積將近四十平方米，枝芽交織，濃密繁茂，摘茶者上樹只聞笑語不見人。據測算，該樹齡已有六百二十年，現仍年產高級鳳凰單叢茶葉八公斤。

我的這泡宋種鳳凰單叢，成茶條索間片間條，呈黑褐色或黃褐色，略顯瘦弱。沖泡一定要高溫，香氣才能舒展。它的香氣是

開了幾日的梔子花混合蕃薯乾的味道，每泡之間略有差異。茶湯滋味濃醇，湯色金黃明亮，耐沖泡。

　　鳳凰烏崬山產的單叢茶，當然不止宋種一種，大多以香氣來作為區分標準，但基本都是高香。其中芝蘭香單叢、黃梔香單叢、桂花香單叢、玉蘭香單叢、杏仁香單叢、肉桂香單叢、柚花香單叢、薑花香單叢、茉莉香單叢、蜜蘭香單叢被稱為鳳凰十大香型單叢茶。

　　中國的山，多以龍鳳命名，自是民風所喜。而名之「龍」者多象形，名之「鳳」者則多有瑞象。我想鳳凰單叢之所以一枝獨秀，和武夷烏龍分庭抗禮，頗有孤篇壓倒全唐之象，和鳳凰山是茶樹得天獨厚的生長之地有很大關係。正是因為鳳凰山瀕臨東海，氣候溫暖，雨水充足，茶樹均生長於海拔千米以上，終年雲霧籠罩，土壤肥沃深厚，含有豐富的有機物質和多種微量元素，才形成了鳳凰單叢高揚的香氣。

# 飲・合德

　　我喜歡的鳳凰單叢品種還有夜來香和八仙。據說在夜間製作夜來香這種茶的時候，一波一波的香氣綿綿而起，而且一波香過一波，故而稱之為「夜來香」。我不會製茶，也沒有現場觀摩過，不敢不信亦不敢全信。但是夜來香的香氣不是一下子發散出來，而是隨著底蘊的舒展綿綿不斷，類似夜來香這種花的香氣，卻又沒有那麼令人生膩，這確實是在品飲的時候可以感受到的。

　　八仙就更有意思了。八仙是把同一種名叢分別扦插在八個地方，因為八個地方的環境條件不同，所以這八株茶樹長大後，樹形都不一樣，可是，不論哪一株茶樹，葉片生長的速度卻是一樣的，能夠在同一個時期採摘，並且製出來的成茶，其香氣、滋味與母樹一樣。這種奇妙的狀態，和八仙過海一樣，不論使用什麼法寶和手段，其結果是一樣的，故而根據「八仙過海，各顯神通」的俗語將這種茶命名為「八仙」。八仙製成的鳳凰單叢茶，香氣高揚，有明顯的白玉蘭花般的香氣，入口水柔，有淡淡的清香氣，是一款在香氣、滋味、耐泡程度方面非常均衡而有自己獨特特點的茶。

　　不管哪一種鳳凰單叢茶，我在品飲的時候都能感受到它獨特的香甜和蜜韻，在無限遐思之中，甚至可以看到鳳凰單叢藉著鳳凰山的吉祥，如同沐浴著霞光的丹鳳，正在向著輝煌飛翔。

安吉白茶：宋帝御賜

也許是九百多年前的一個夜晚，宮廷裡燃著龍涎香，宋徽宗趙佶心情大好，安坐在龍椅上，用他那著名的瘦金體挺拔秀麗地寫下了《大觀茶論》「白茶」篇：「白茶自為一種，與常茶不同，其條敷闡，其葉瑩薄。崖林之間，偶然生出，雖非人力所可致。有者不過四五家，生者不過一二株，所造止於二三胯而已。芽英不多，尤難蒸培，湯火一失，則已變而為常品。須製造精微，運度得宜，則表裡昭徹，如玉之在璞，它無與倫也；淺焙亦有之，但品不及。」

而九年後，這位以書法、繪畫、文玩、格物而著稱的風流皇帝，卻因為政治上的荒唐，造成金人入侵，把他和他的兒子擄走，囚禁在五國城，過盡屈辱的生活；又過了九年，饑寒病痛交加的徽宗餓死於土坑之中。

人文方面的才情或許是這位皇帝悲慘結局的因素之一，因為他只顧繪畫作詩，荒廢了國事，但是他的《大觀茶論》卻成為後世愛茶人必讀之書，奉為圭臬。而安吉白茶可以稱得上是備受他推崇的白茶的代表。

但是此白茶非彼「白茶」。中國茶裡面真正在成茶後稱之為白茶的，是福建的白牡丹、壽眉、貢眉等。真正的白茶是不經過炒製的，完全陰乾，故而寒性更強。剛制好的白茶不堪喝，但放置三四年就很好了，到了大約七年的時候是最理想的平衡狀態，

故有「七年白茶是個寶」的俗話。

安吉白茶是白茶樹種，在茶葉還剛剛萌芽展葉的時候，葉片是乳白色的，到開麵了，才變成常見的綠色。但是安吉白茶使用的製茶方式是半烘青半炒青的方式，成茶屬於綠茶。大董師父送了我幾罐安吉白茶，這是二十多年後我和安吉白茶的緣分。在我七八歲初接觸茶葉時，常喝的都是綠茶，比如西湖龍井、霍山黃芽、安吉白茶、顧渚紫筍、太平猴魁。後來卻不怎麼接觸了，哪怕盛名如西湖龍井。

這次的安吉白茶是鳳形，細柔精緻如鳳羽，但是濃郁的茶香顯示出不俗的內質，倒真如宋徽宗孱弱荒唐與才情風流交織的感覺。乾茶淺碧有白毫，嬌細喜人。沖泡之後，香冷如竹葉掛雪，清氣霖霖，葉片顏色漸泡漸淺，最後成為瑩白帶綠。茶湯傾出，清澈而有細毫起舞，瑩然清透。

原來安吉白茶的「白」就是鮮啊！我一直不明白的就是明明是綠茶麼，為什麼非要叫白茶？在品安吉白茶的時候一下子想通了 —— 那是口感的顏色！那種月光照在竹葉上清凌凌的白，那種牛奶般的河水浸透荷葉那般流淌的白，帶著植物特有的清氣，就是其他的茶「無與倫也」的境界啊。

巴達山茶：煙淡淡兮輕雲

巴達山的茶應該沒有易武的茶那樣出名。

因為，巴達山的茶是淡雅，恍如高山上流雲，那必須知音才能明了；易武的茶是濃郁，香氣高揚如廟堂之上的無限榮光，需要的是張揚、直白和不需思索。

可是，在今天，人們看重的是「濃郁」。不能怪人們吧，濃郁本身並不壞的。何況在快速、繁忙、無暇停留的現代社會裡，也許，只有濃郁才會吸引人。我們的社會走得確實太快了！快得我們來不及沉澱，只在消耗祖宗千百年的根基；快得我們來不及創造，只在一味地模仿和小聰明的「山寨」；快得我們丟掉了儒雅，我們認為成功就是金錢和權勢；快得我們甚至丟掉了靈魂，我們膜拜一個人身上的名牌，卻不願意瞭解他的內心。我又能怎麼辦呢？自淨其心，向那些孤獨而內心高貴的人們奉上心香一瓣。

淡並不是「寡」，真正的淡雅是根基深厚故而釋放的清妙綿長。這是春天採收的巴達山千年喬木茶告訴我的。在三五年內，

167

飲・合德

還沒有明顯的後發酵的生普洱其實大類上還屬於綠茶。綠茶在「快」的時代裡，知音難覓。綠茶是茶很原始的狀態，也造就不少名品，可是喝綠茶的人越來越少。單單是因為茶的其他品種產品越來越多麼？不一定。如果你真的愛它，其實兜兜轉轉，還是要回到它的身邊。是因為我們的愛，變了。綠茶沒有黑茶的厚、岩茶的香、紅茶的色。它有的只是一捧清泉，要靠停留的人、寧靜的心去細細追尋。一如《琴挑》裡陳妙常寄託在琴聲裡的一縷女兒心事。

巴達山千年喬木

難得的休息時光，焚了一爐沉香，試圖把溶溶月光裝入心裡，以平靜紅塵心意。沒有流泉，也便煮水，卻喜還有手繪蓋碗，荷花輕搖。慢慢沏了來，淡淡茶香，卻把青梅嗅，一碗暈黃，齒頰間流淌而過。

巴達山的神韻，本來就是要在淡中去尋。千年的光陰，開始也許是欣喜、興奮，慢慢變成無奈、愁苦，後來發現更難忍的是寂寞，然而時間長了，總歸化成波瀾不驚，原來是甘苦自知，何須多言？

中國人的性格不是不濃郁、不是不熱烈，街頭寒風中哪缺手持玫瑰的小兒郎？一腔心事，紅豔豔的燒了自己，也燒了旁人，任它在光天化日下表露。可是，這熾烈要靠多少心力堆積？天天

燃燒，恐難長久。中國人心底里追尋的是這茶裡的平淡韻味，那是安定的味道。那執手相牽、那目光一錯的心花飛舞，才能白頭吧？

「煙淡淡兮輕雲，香藹藹兮桂陰。嘆長宵兮孤冷，抱玉兔兮自溫。」廣寒清冷，最宜飲茶。且飲一杯茶去。

白雞冠：不遜梅雪三分白

我很佩服中國古人對美的敏感，對茶的深知。四大名叢在武夷八百岩茶名叢中果真是不可比擬的。但這四大名叢本身，也是各有特點。我最愛水金龜，可是鐵羅漢的藥香、大紅袍的馥郁也讓我難以割捨。還有，就是白雞冠的清雅。

白雞冠原產於武夷山大王峰下止止庵道觀白蛇洞，相傳是宋代著名道教大師、止止庵住持白玉蟾發現並培育的。相比清朝才出現的大紅袍和水金龜，已經算是前輩。

白雞冠為白玉蟾所鍾愛，是道教非常看重的養生茶之一。白雞冠應該為白玉蟾所培育，也只能為白玉蟾所培育。白玉蟾是道教南宗五祖，身世大為神祕。

據史書零星記載，白玉蟾幼年時即才華出眾，詩詞歌賦、琴棋書畫樣樣精通。後來更是四處遊歷，師從道教南宗四祖學法，得真傳。對天下大勢和蒼生之命運亦有高見。二十六歲時，專程去臨安（杭州）想將自己的愛國抱負上達帝庭，可惜朝廷採取了

不予理睬的做法。而大約同時，道教北宗全
真派長春真人丘處機果斷地選擇了向鐵木真
進言，鐵木真未採納，但尊崇丘處機有加，
並且暴政有所收斂。白玉蟾也許並不重要，
他一己之力不足以改變歷史的走向。然而，
從兩個人不同的機遇來看，已經能夠得知兩
個朝代的興衰奧祕。

　　也許受到了打擊，白玉蟾放棄了救國熱
望，但依然四處遊歷，並很長一段時間都住
在武夷山止止庵。他對自己的書法和繪畫是
非常自負的，然而他自己又承認這些對他來
說還重不過他對茶的熱愛。

　　白雞冠茶樹葉片白綠，邊緣鋸齒如雞
冠，又為白玉蟾培育，故得此名。輕焙火後
茶色澤黃綠間褐，如蟾皮有霜，有淡淡的玉
米清甜味。一般主張白雞冠煮茶品飲，氣韻
表現更為明顯。我沒有煮茶鐵瓶，還是沖泡。

　　茶湯淡黃，清澈純淨。聞之香氣並非濃
烈，可是鮮活，如蛟龍翻騰，由海升空，翻
轉反覆。白雞冠的茶湯甘甜鮮爽，和水仙類
似，但是香氣是次第綻放，每泡之中皆有花
香，持久不絕，餘香裊裊。葉底油潤有光，
乳白帶綠，邊緣有紅。

　　白雞冠是岩茶中的一個奇蹟 ── 既甘甜又豐沛，如同它的創始人，不僅秀外還能慧中，內外兼修，實在是難能可貴。白玉蟾在三十六歲的盛年，不知所終，歷史記載中再也找不出關於他的一言半語，只留下這雖然秀麗但是驕傲地站立於武夷山峰上的白雞冠，清氣滿乾坤，風姿自綽約，天際間迴響，綿延不絕。

半天妖：不可捉摸之香

　　中國的很多事，沒辦法說「最」字，而且我認為追求「最」也毫無意義。我看了很多地方的最高樓，只覺得如同暴發戶不知道怎麼炫富才好，只能把醜陋公之於眾。

　　好多人問我「最喜歡的茶」，我有喜歡的，但沒辦法比較啊，何談「最」？拿烏龍茶比普洱茶，它也沒有可比性。要說，我還真挺喜歡岩茶的。生平有一奢望 ── 喝遍武夷八百名叢。自己也知不可能，一方面自己德行不夠，另一方面，確實有好多失傳的。我其實已經算是能夠蒐羅奇珍 ── 什麼正太陽、正太陰、九品蓮、金錢葉這些小眾茶我都喝過了，那也離八百之數遙遙無期。

　　八百名叢裡，前四位的排序，茶友們基本無異議 ── 大紅袍、水金龜、白雞冠、鐵羅漢。這些年又演變成「五大名叢」，

加一個半天妖。

早就聽說過「半天妖」的名號，可惜一直未能得飲。七茶齋的總版主太極兄來鄭（當時我在鄭州工作）送我一泡，後來在鄭州茶博會見到七茶齋的出資人往風兄，又喝到他只作為讓茶友品飲的半天妖。

半天妖確實恰如其名啊！

半天妖最早叫做「半天鷂」，傳說中，是一隻小鷂子被鷹追擊，躲逃不過，落地化為茶樹而來。傳說雖然神奇，但神怪力亂，終為不雅。後來因為此名叢生長在半山腰，也曾叫做「半天腰」，此名雖然實在，卻也太過俗氣。我原來喜歡把半天妖寫作「半天夭」。因為總是想起《詩經》裡「桃之夭夭，其葉蓁蓁」的句子，腦海裡便把半天夭想像成茂密繁盛的樣子。這次喝完了半天妖的茶湯，才發現果真還是「半天妖」這個名字最適合。

它的香氣真的是捉摸不定啊，不像水金龜那般如梅花般高潔之香，而是飄忽中帶了幾分妖嬈，又帶了一絲妖豔。這半天腰上所長的「夭夭其華」的茶啊，喝在嘴裡，卻如同一朵花開在心上，而你的心也如同不安分的小鷂子，翻著跟頭飛到雲霄中去了。

七茶齋半天妖品鑑

乾茶：

深褐有霜，帶有複合的果香，描摹如烤杏仁、熟板栗、苦咖啡等，香味精緻、細膩、瑩潤，也有梨、香草與奶油般的溫和芬芳。

茶湯：

橙黃亮純，明澈香揚，帶著明顯的花果香。口感力度與順滑和諧無瑕，茶湯內質豐富、滋味爽醇，香氣鮮明馥郁，回甘清甜持久。但不算耐泡，第五泡後水味明顯，內質已薄。

葉底：

綠而柔韌，邊緣或有紅邊或有紅色斑塊，略有香氣。

布朗山茶：天上神苗，山地之精

天上美麗無比，
大地卻一片混沌，
茶樹是萬物的阿祖，
日月星辰都由茶葉的精靈化出。
天上有一棵茶樹，願意到地上生長。
下凡要受盡苦楚，永遠也不能再回到天上。
帕達然大神知道茶樹的心意堅定，
一陣狂風吹得天昏地暗，

飲 · 合德

撕碎茶樹的身體，

一百零兩片葉子飄飄下凡。

天空雷電轟鳴，大地飛沙走石。

天門像一隻葫蘆打開，

一百零兩片茶葉在狂風中變化。

單數葉變成五十一個精幹的小夥，

雙數葉化為二十五對半美麗的姑娘。

　　—— 節選自德昂族創世古歌《達古達楞格萊標》

　　雲南是普洱茶的故鄉，高高的布朗山創造了很多令人嚮往的好茶 —— 班章、曼囡、老曼峨都是名寨出產的茶，而沒有固定寨子的茶園就統稱為布朗山茶。

　　我喝茶是很雜的，什麼茶都喝。一次，和一位福建的茶友聊天，他覺得普洱茶沒什麼工藝，很簡單，烏龍茶才有真正的技術。我知道，他愛的是鐵觀音。其實，我承認，雲南普洱茶的製茶技術是簡單的，可是製作普洱茶的人們對茶的熱愛不遜於任何製作其他茶的人們的。我原來和很多茶友一樣，把喝茶當成一種消閒，可是，製作和飲用普洱茶的各族人民，他們是把茶當成生命一樣來看待的。藏族同胞說：「加察熱、加下熱、加梭熱（茶是血！茶是肉！茶是生命！）」，這是熱愛茶的最熾烈的吶喊。而

在高高的布朗山裡、茫茫的攸樂山中，布朗族、德昂族、傣族、傈僳族、佤族……的朋友們，都把普洱茶當成自然的圖騰。這是怎樣的一種激情，他們知道茶葉是自然的化身，他們把對自然的崇敬和尊重化在了對茶葉的敬畏之中。我是在布朗山晒死人的烈日下、下雨後泥濘危險的山路上、少數民族烤得濃釅的茶湯中感悟這一切的。也許，沒有多少加工技術的普洱茶，傳達的卻是大地最樸實、最熾烈、最釅厚的氣息。

　　想到這些的時候，手裡正好有一泡布朗山生餅，乾茶粗壯遒勁，扭曲中綻放著生命的力量。沖泡時迅速地出湯，茶湯很快就

會黃亮。入口是濃烈的茶氣和淡淡的煙味，苦感也重，然而卻迅速地化開，成為不可言喻的甘。滿嘴生津，氣沖會元。

德昂族創世古歌《達古達楞格萊標》還有一段是這樣的：「茶葉是崩龍（德昂）的命脈／有崩龍（德昂）的地方就有茶山／神奇的傳說唱到現在／崩龍人（德昂人）的身上還飄著茶葉的芳香」。我想，愛茶只是一種表示，只要我們永遠保持對自然的尊重和愛，這茶香就將永遠縈繞著我們，生生世世護佑我們的心靈。

川寧紅茶：皇室光環下的經典之香

一首英國民謠這樣唱道：「當時鐘敲響四下時，世上的一切瞬間為茶而停！」茶的魅力不僅影響了中國，還橫掃了整個英倫。

英國人喝茶也有自己的講究。作為川寧公司的第十代傳人，斯蒂芬·川寧就把自己一天的喝茶時刻安排得豐富多彩 —— 每天早上剛起來或者吃早餐時，喝的是川寧的英國早餐紅茶，因為它有提神醒腦的作用，同時它的配料和英國人早餐所吃的食物是非常搭配的；早餐之後到中飯這段時間，通常喝大吉嶺紅茶和精品錫蘭茶；在午餐的時候，通常喝的是豪門伯爵紅茶和仕女伯爵紅茶；在下午，通常喝花果系列的產品。而對茶的選擇，還要看當時的天氣情況以及個人的心情。天氣陰冷時，如果覺得有必要給自己提一提神的話，還會喝一杯英國早餐紅茶。在晚餐之後，

喝的茶一般來說是花草系列的，比如說沁心薄荷葉、檸檬柑薑、香寧甘菊茶……因為這些茶不含咖啡因，所以不會影響晚上的睡眠，但又具有很好的鎮定安寧的作用。而在炎炎夏季喝上一杯冰茶會很不錯。而泡冰茶呢，有點小的竅門，剛開始泡冰茶和泡熱飲是一樣的，但是為了有提神醒腦的作用，需要將它的濃度增加到平時的兩倍，然後讓它慢慢地冷卻，再加一些冰進去，冰茶就泡好了。

說到這些的時候，我甚至可以想像，茶讓這個英國男人更加優雅。而川寧，是英國皇室御用的茶廠，也是英國頂級紅茶的代表品牌。這讓我在品飲川寧紅茶的時候也不由地文雅起來。

常喝的還是川寧的仕女伯爵紅茶和格雷伯爵紅茶。兩者一樣，都是加味茶。仕女伯爵紅茶除了茶葉之外，添加了橙子和檸檬的外皮，還有一些香精，而格雷伯爵紅茶，加的是佛手柑。而茶葉，川寧特別強調是中國紅茶，以此展現品牌的高貴和正宗。把茶包放進茶杯，特別選了氣泡豐富的溶洞泉水，衝下去清新宜人的香氣立刻泛起，瀰漫了整個辦公室，彷彿來到了到處種滿檸檬樹的花園。湯色倒不是特別的紅亮，帶有橙色，但是誘人的茶霧飄渺浮動，令人浮想聯翩。

川寧以它百年的傳世之香，在我的生命裡留下了一個美麗的下午，讓我心中充滿了感恩和幸福。

大禹嶺茶：幽芳獨秀在山林

迄今為止，臺灣烏龍茶裡我最愛的是杉林溪和大禹嶺。

臺灣茶是以高妙的香氣而出名的，但是為了追求這種香氣，需要採取輕發酵、輕焙火的方式製茶，如此製成的茶大部分的茶湯都不夠有回味。傳統普洱是重焙火的，歷經一番磨難，香氣厚重而茶湯也更濃釅。有的時候我覺得，臺灣茶為了香氣而損失質感並不太值得，除非茶種本身有肥厚的內容。杉林溪和大禹嶺的

茶就是這樣，這兩種茶都有山林之氣啊！

杉林溪更多的是冷杉林春深幽然的幽冷況味，而大禹嶺更多的則是蘭香泠泠繞山林的男人香。

大禹嶺到底在哪裡呢？大禹嶺在臺灣中央山脈主脈鞍部，南北介於合歡山、畢祿山之間，東西介於梨山、關原之間，為立霧溪和大甲溪兩水系流域的分水嶺。去我非常喜歡的太魯閣景區就要從大禹嶺經過。經行的中橫公路在當年施工時，因為當地是碎巖地質，非常容易剝落，所以修建的難度很大，蔣經國去視察時，感嘆工程之苦堪比大禹治水，於是把此地命名為「大禹嶺」。

這泡茶是安安送的，裝在精緻的小金屬盒子裡，上面還壓制了一行字 ——「安安的臺灣茶」。茶是冬茶，大禹嶺的冬茶基本上要每年十月之後採收，嶺上已經非常寒冷，甚至還會下雪，採收非常辛苦。但是也保證了茶內質豐沛，韻味獨特。

對待這樣的茶，要特別用心。紫砂壺選了洪華平手工製作的美人肩，這是一把燒成顏色棕中泛紫的超高溫壺，壺體上已經燒出點點鐵晶，從造型上來說茶葉在其中也會有不錯的浸潤空間，我想更有利於發散大禹嶺茶的特點。水還是農夫山泉，我採取了

高沖法沖泡，也是想看看到底這款大禹嶺茶的內質如何。

　　傾出冷水接天月，蜜綠已在玉盞中。茶碗裡的茶湯蜜綠厚重，香氣隱忍。我其實並不認為香氣高揚就一定好，我年紀愈長，反而更喜歡香氣綿長、悠然而至的感覺。這款大禹嶺茶香氣似幽蘭，且帶暖春花意，茶湯順滑飽滿，雖有苦感，旋即消散。

　　喝完茶，再觀葉底。葉片長大、厚肥，葉緣鋸齒清晰稍鈍，聞之微有暗香。俗話說：梅花香自苦寒來，大禹嶺茶也是一樣吧？非經寒苦，不到化境，人生亦然。

泡碗滇紅供養秋天

　　泡紅茶，我還是喜歡用瓷質或玻璃的蓋碗。瓷質蓋碗本身的繪畫風格並不重要，如果是粉彩，正好配了紅茶的豔麗；如果是青花，正好用清新襯托紅茶的紅亮。玻璃的也好啊，彷彿盛著一

碗紅寶石。陶器我就不喜歡，太穩重，不適合紅茶活潑的感覺，又容易奪紅茶的香氣，故而我只用陶器泡普洱或者鐵羅漢之類的茶品。

　　而在紅茶裡，我最喜歡的是滇紅。滇紅當然是產自雲南，以鳳慶的最為著名。元朝建立時當地少數民族主動歸附，故而命名為「順寧」，這個名字直到一九五四年的時候才被改成如今的「鳳慶」。順寧紅茶創製於二十世紀三零年代，享譽英國和東南亞。

　　其實紅茶我喝過的品種不少，以前也品嚐過駿眉，我自己認可中國茶精緻化、高級化的發展方向，但是並沒有覺得駿眉的優秀有多麼的超乎想像。金駿眉完全使用芽頭，其實就像大吉嶺初摘，風味已成，風韻仍淡。現在基本上成了一個小系列 —— 金駿眉、銀駿眉、銅駿眉，後兩種在武夷當地又被稱為大赤甘、小赤甘，是以芽頭的用量多寡來區分的。金駿眉的香氣層次感不錯，但是並沒有覺得香氣多麼高揚，並且也不算持久；銀駿眉香氣稍微弱一些，茶湯喝起來覺得並不是很厚重，也極不耐泡。

倒是滇紅，符合我對紅茶的一切想像。外觀上，滇紅的金毫很多，尤其是滇紅金芽；色澤上，滇紅的金毫有的亮若黃金，有的燦若秋菊；香氣上，滇紅茶湯有蜜香、花香還有一些木香，而且香氣高揚，經久不散；茶湯的顏色，盛在白瓷盞裡，橘黃溫暖，盛在玻璃杯中，深沉紅濃；葉底舒展，色澤紅黃均勻。最好的是入口，內質豐富，彷彿會有黏稠的感覺，飽滿而順滑。

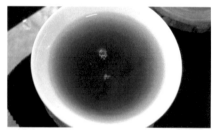

秋風肆虐的北京，我沖了一碗滇紅，突然覺得這滇紅最適合秋天。一樣的內質厚重，一樣的色彩濃郁，不如就用這碗滇紅陪伴秋天吧。

第三泡

東方美人：也許是場誤會

我曾經很固執地不喜歡「東方美人」，因為它是個怪物——它實際上在臺灣被稱為「白毫烏龍」，但是它的發酵程度明顯偏高，更像紅茶，葉底也是紅色，完全不像傳統的烏龍茶，紅色在葉底上只是斑塊或者邊緣條帶。

參加一場茶的品鑑活動，其中就有一款東方美人。在品鑑的時候，當次的臺灣紅茶、梨山、四季春都不怎麼出色，倒是這款東方美人引起了我的注意。因為它的外形是我喝過的東方美人中最好的一款——蜷曲柔美，顏色斑斕如九寨溝的秋天，綠、褐、紅、黃雜彩繽紛。

沖泡的茶湯色澤非常漂亮，入口也覺順滑，但是香氣蜜意很差，蕃薯乾般的味道倒是很突出。覺得詫異，彷彿這麼好的外形不應該表現如此之差。看到還有一點，我便從茶會帶回了家。查了一些資料，都強調泡東方美人水溫不能太高，攝氏八十到九十度，悶泡三十秒，而我們是按照傳統泡烏龍茶的手法沖泡的。重新來泡，果然，茶湯的香氣中略微帶出一點果子發酵後的蜜意，對得起「東方美人」的稱號。

飲・合德

　　由此，我突然想到了黃賓虹。黃賓虹早年學新安畫派、四
王，風格疏朗雅緻，然而脫不開文人畫本的風格和框架，後來他
開始向自然界學習，濃墨披皴，畫面硬朗，風格為之大變。在他
晚年時期，所謂衰年變法，又嘗試著把點彩融入到水墨之中，畫

風大氣之中凸顯絢爛，絢爛至極反照平淡。曾經，我們因為讀不懂黃賓虹，對他的作品並不關注。聽說，雖然黃賓虹與齊白石號稱「北齊南黃」，也被國家賦予很高的榮譽，但是很長一段時間人們對他是不認可的，甚至在他故去後，他的遺作都沒有機構進行收藏，只有浙江博物院因為倉庫有空閒，才接受了他幾百件作品。而現在，這些作品都成為了稀世珍寶，也成為我們理解黃賓虹和與他真正對話的線索。

東方美人也是這樣，它的來歷和小綠葉蟬有很大的關係。小綠葉蟬原本屬於茶園害蟲，在四川、臺灣、福建茶山防治小綠葉蟬的危害是一項很嚴峻的工作。小綠葉蟬雖然小如針尖，但是它所危害過的茶樹，會出現幼葉及嫩芽的色澤呈現黃綠色的現象，影響茶葉成品的外觀。而嚴重時會導致茶芽停止生長，終至脫落。即使勉強製成包種一類的茶葉，也會產生很大的異味。也許是偶然，也許是心疼茶青，某次被小綠葉蟬侵害過的茶葉被製成了成品茶，卻成為會散發出迷人的蜜味香氣的特殊茶類，一時身價大漲，茶農奔走相告，大部分人都不相信，閩南語說吹牛的發音為「膨風」，這茶就落下了「膨風茶」（椪風）的名聲。

這是不是製茶的一次「衰年變法」？我到現在都不知道這種變化是好是壞，但是我在學著接受變化，也許是命運的，也許是生活的，也許，是茶的。

飲・合德

功夫紅茶

　　紅茶起源於中國，為全世界所喜愛。紅茶之中，標榜茶種稀缺的，稱之為「小種紅茶」，比如正山小種；說明精工細作，工藝複雜很費功夫的，叫做「功夫紅茶」。我有的時候看見有的茶包裝上寫「功夫紅茶」，立刻覺得很有購買的必要 —— 喝了就能長武功，實在是不用自宮的《葵花寶典》也。

　　中國產紅茶的省份很多，我自己較為喜歡的功夫紅茶有白琳功夫、川紅功夫和英紅功夫。

　　白琳功夫一直讓我印象深刻。一是因為它的名字別有一番華貴之感，二是它的湯色紅中帶著豔，橘紅的特點明顯。白琳功夫產自福建省福鼎縣太姥山白琳一帶。太姥山地處閩東偏北，與浙江毗鄰，地勢較高，群山疊翠，巖壑爭奇，茶樹生於巖間密林之中，得山嵐之氣滋養，芽葉挺秀，毫毛細密。而說到白琳功夫的製作，一八五一年清朝學者董天工編纂的《武夷山志》中已有功夫紅茶的明確表述，而大概二十多年後，祁門借鑑了這種技法，生產出了後來享譽世界的祁門紅茶。

白琳功夫

　　制好的白琳功夫，乾茶帶有淡淡花香，色澤烏潤，比較不同的是金毫。其他的紅茶金毫多是金亮如黃金絲，白琳功夫的金毫帶了橙色，是玫瑰金般的色彩。白琳功夫的茶湯，橙黃中帶有橘色的豔麗，如果是在白瓷茶盞裡，茶湯與杯壁結合產生的金圈，色澤也是橘紅色。葉底柔嫩，紅色泛橙，聞之香氣依然底蘊強勁。

　　到天府之國去也不錯，除了蒙頂茶還有川紅功夫。四川多高山，山珍無數；四川多大澤，水鮮眾多。四川有下里巴人，大街上麻將聲聲；四川也有文人雅客，杯中常換各色名茶。

　　四川的茶，聲名遠播者眾。綠茶裡的峨眉雪芽，帶著峨眉山金頂的佛光；竹葉青帶著山間的清露，陳毅元帥曾讚不絕口；而蒙山上的茶園，曾經在很長的一個時期裡是御茶園；康磚遠銷藏邊，十世班禪大師多次稱讚。就連不是茶的茶，四川也有品質絕佳的苦丁，街邊飯館裡白送的老鷹茶，都是降火消食的妙物。

　　可是，在很長的時間裡，我竟不知道，四川也是產紅茶的，而且讓我飲過之後實難忘懷。

白琳功夫　　　　　　　　川紅

飲・合德

去馬連道逢老師那裡，飲的是大吉嶺二摘，品質最穩定、香氣最濃郁的「年紀」。喝過之後覺得意猶未盡，看見尼爾吉里的紅茶，卻沒什麼興趣。這個時候，逢老師拿出了川紅。我初還不認得，只是覺得金毫特別多，金燦燦的感覺。

便要了來喝，香氣濃郁，內質濃厚，堪比滇紅；湯色雖不能稱紅豔，可是橙裡帶紅，清澈明亮。看看葉底，粒粒如筍，飽滿緊實。便問逢老師，此是什麼紅？川紅。此話當真？哪個騙你不成？

來自雅安的川紅，果真不負一個「川」字，綿延了富庶山川的驚喜。

還有一個富庶地，也產好的紅茶 —— 廣東英德。英德紅茶裡，我最愛英紅九號。英紅九號是阿薩姆種和英德紅茶的雜交品種，乾茶金毫顯露，湯色紅濃明亮，通透清澈，仿若最好的阿薩姆斯瓦納茶；且香氣濃郁高揚，美妙的花蜜香，又可以和上等的滇紅功夫媲美。

英紅九號略微有點苦澀，加了糖和奶來對沖，溫暖貼心，可以度過一段屬於自己的發呆時光。

英德九號

廣雲貢之美

　　我心情不好的時候，卻往往有茶緣。我們佛教徒說別人永遠不能給你真正的煩惱，除了你自己，因為你的內心不安定；而道家說福兮禍之所伏，禍兮福之所倚。世事大抵如此吧，本來也不抱太大期望，而且是假裝積極的應對，結果這一泡老茶，給了我意境大美。

　　因為是盲品，我無從調動腦海裡的經歷體驗。更好地用心去感受吧。沖茶的水並不理想，是鄭州本地的深井水，原來沖泡茯磚的時候我很喜歡用，很適合茯磚的味道；可是後來水質變得土腥味越來越大。沒辦法，我本身還在四處飄零，奈何一瓢飲？趁著燒水，觀察乾茶。灰褐沉寂，但是依然挺雋，顏色上的孤清掩飾不住錚錚鐵骨。等到沖泡，茶湯迅速變成橙黃略紅，可是依然通透明澈，仿若深藏千年的琥珀，在寶光黯淡之後溫潤之氣卻愈發內蘊。雖然從茶湯上能感覺到這款茶已經乾倉存儲十年以上，卻仍能感受到易武大樹純料那種獨特的香氣和浮雲流湧的茶氣。

 飲・合德

我用蓋碗連續沖泡了十幾遍，真是欲罷不能。可是又總覺得和易武純料茶餅有什麼說不出來的不同，一時費解。細觀葉底，葉底的持嫩性很好，彈性十足，仍能看出葉片的綠意，間或有紅褐的轉化。香氣是隱隱的粉香和荷香相交織的味道。

這到底是什麼茶餅呢？網上茶友告知了答案 —— 是二十世紀九零年代的廣雲貢餅。原來如此！

廣雲貢系出名門，又別開一枝。二十世紀六十到七十年代間，東南亞華僑對普洱茶的需求量很大，而當時只有廣東茶葉進出口總公司有出口權，所以經上級協調，廣東茶葉公司從雲南調集了一部分普洱茶青，加上廣東和廣西的茶青拼配成了一款黑茶，基本用來出口。等級比較低的茶青基本以散茶形式出口消耗掉了，而好的茶青被壓製成了餅茶。這些餅茶在包裝上打破了普洱茶以竹箬葉子包茶的傳統，而改以韌性極強的土黃色油光紙包裝。標記方面，把原雲南茶葉公司的「八中圍茶」標誌裡的「茶」字改為綠色，標明「中國廣東茶葉進出口公司」及「普洱餅茶」字樣，大標宋正體，排列圖案與勐海茶廠的大字綠印相似。最主要的，茶青既有來自雲南的又有來自兩廣的，而製作方法雖然與雲南普洱茶一脈相承，但畢竟會有微小的變化，再加上廣東天時、地利、人和的滲透，所以成茶味道上佳，一時無兩，華僑們親切地稱其為「廣雲貢餅」。

廣雲貢

　　但是到了一九七三年，雲南茶葉公司自身取得了出口權，廣雲貢餅的生產受到了影響，甚至中止，基本上屬於定製才會生產和加工。這個也是不同年代廣雲貢餅口味特點不同的主要原因 —— 二十世紀六零年代的廣雲貢餅因所含雲南大葉種原料較純，所以野樟香味較濃，口感豐富，湯色也紅豔明亮；而七零年代的廣雲貢，由於雲南當時已經可以自行出品，所以茶青原料也就較少配到廣東壓制，因此茶餅中的雲南大葉種原料的比例自然也就降低了。七零年代廣雲貢的口感較六零年代相比，自有另外一種清新純正之感，可是在內質上還是差了不少，其味微酸清甜、水性薄而順，喉韻呈略乾燥的感覺。

　　具體到我品的這款茶，是一九九八年馬來西亞定製的。採用易武大樹茶製作，而且轉化的很理想。能在身飄零、心凌亂之時品嚐到如此好茶，不由安定下來，而安定的心才會逐漸開化自性的智慧。我想，茶之所以重要，更在於此吧。

飲・合德

芳華翠綠和雨露

　　這幾天突然很想喝花茶。我的身體明白無誤地告訴我，春天來了。去買茉莉小茶王。我認真地看著售貨員用紙包稱茶、裝筒，茉莉花的香氣交織著濃郁的茶香，在整個店裡瀰散開來。

　　很多人以為花茶不好，有點看不起喝花茶的人。其實，花茶不能說不好吧，作為一個獨立的茶類，它會給人類很多驚喜。倒是現在叫的這個名字有點俗 ——「花茶」，給人一種大紅大綠的感覺。在明清時候，花茶是叫做「香片」的。這個名字就給人聯想了 —— 香霧氤氳，隨處成雲。

　　但說茉莉花茶，也是很費功夫的。茉莉花不能選開放的，開放的茉莉花香氣已經弱了，只要那些才張開一兩片花瓣的；茶裡不能加任何香精，就是靠茶葉本身吸收茉莉花的香氣。一遍是不夠的，所以窨過了，要把花朵全都挑出來，再換一批新的花接著窨。如此反覆至少三遍，稱之為三窨三提。而特別優質的茉莉花茶甚至會七窨七提！最後一遍，花桿提的越乾淨越好，除了碧潭飄雪，花太多的茉莉花茶反而是比較劣質的。

　　喝花茶也是雅事，很多文人名士還自己製作個人喜歡的花茶。元朝大畫家倪雲林尤其喜歡花茶。明朝顧元慶撰《雲林遺事》中記載有倪雲林製作蓮花茶的過程，雖顯煩瑣卻讓人很想親自一試。書中說，倪雲林在清晨剛出太陽的時候，到蓮花池找到花苞剛開的蓮花，用手指撥開，入茶於蓮花中，麻繩綁好，次日

連花一起摘下，用茶紙包裹晒太陽至乾，重複三次即可得到香氣清妙的蓮花香片。

而在他之前，有關花茶的最早記載是在宋朝。黃庭堅寫過《煎茶賦》，裡面說道：「又曰：寒中瘠氣，莫甚於茶。或濟之鹽，勾賤破家，滑竅走水，又況雞蘇之與胡麻。涪翁於是酌岐雷之醪醴，參伊聖之湯液。斲附子如博投，以熬葛仙之堊。去薤而用鹽，去橘而用薑。不奪茗味，而佐以草石之良，所以固太倉而堅作強。於是有胡桃、松實、庵摩、鴨腳、賀、靡蕪、水蘇、甘菊。既加臭味，亦厚賓客。」意思就是說那時候喝的茶裡面經常添加胡桃、松果、羅漢果、薄荷、蘇桂、甘菊等，不僅增加了茶的香氣，也讓賓客感覺到備受重視。

這種做法也和宋朝的茶葉形式和飲茶方法有關，不過起碼說明加料喝茶並不矛盾。現代人關於花茶都是劣質的印象大概來源於一般製作花茶的基茶等級都不是很高。其實很好理解，用已經自成特點、個性明顯的茶窨製花茶，不僅沒有必要，反而效果不佳。明朝屠隆的《考槃餘事》也寫到「凡飲佳茶，去果方覺精絕，雜之則無辨矣！」

 飲・合德

花茶對人體還有一個重要的作用，就是生髮陽氣、破除孤悶。尤其是在春初，大地復甦，萬物萌動，人體潛伏之陽氣和自然界之陽氣相呼應和，蠢蠢欲動，這時候一杯花茶就是引子，可以調動人體自身的陽氣和天時相配合。因為凡是花朵，皆主生髮，而在木屬，又能滋養。

天地有時序，萬物循陰陽，芳華攜綠意，香雲化雨露。春來了，喝杯花茶吧。

金絲藏香：香籠麝水漲紅波

紅茶接觸久了，才知道，有那麼多的品種。

可能滇紅、英紅、川紅、阿薩姆和大吉嶺是我比較喜歡的紅茶，那濃郁的果香，環繞沖縈，帶動神思馳往，一時間物我兩忘，不知紅塵淨土，空色一體。

然而，居然碰上了金絲藏香，坦洋功夫裡的奇種。

這名字還真是很貼切，金絲藏香的金毫，幾乎滿佈，堪與滇紅媲美，而香氣纏綿低回，矜持中充滿自負，卻給了我一個暗自欣賞的理由。

如果說，普洱是茶裡的項羽，充滿霸氣，那麼，岩茶是茶裡的關公，武為聖者，文通《春秋》；而紅茶，是虞姬、是貂蟬，靚麗容顏、光照乾坤；金絲藏香則是陳圓圓，除卻靚麗的容顏，

還更有智慧和胸襟。

吳梅村在《圓圓曲》中寫道：「慟哭六軍俱縞素，衝冠一怒為紅顏」。這紅顏，便是陳圓圓。陳圓圓本為崑山歌妓，初為崇禎帝所選，然而明朝搖搖欲墜，吳三桂以得陳圓圓為保明朝之條件。但軍中多有不便，吳三桂鎮守山海關，陳圓圓仍留京城。不料李自成兵進如風，攻陷北京，陳圓圓被李自成軍隊大將劉宗敏強霸。李自成戰敗後，將吳三桂之父及家中三十八口全部殺死，棄京出走。吳三桂抱著殺父奪妻之恨，晝夜追殺農民軍到山西。此時吳的部將在京城搜尋到陳圓圓，飛騎傳送，吳三桂帶著陳圓圓由秦入蜀，然後獨占雲南。

清順治中，吳三桂晉爵雲南王，欲將圓圓立為正妃，然而陳圓圓託故推去，吳三桂別娶。不想所娶正妃悍妒，對吳的愛姬多加陷害冤殺，圓圓遂獨居別院。後乞削髮為尼，在五華山華國寺長齋修佛。清削三藩，吳三桂在雲南反，康熙帝出兵雲南，一六八一年冬昆明城破，吳三桂死，而陳圓圓不知所終。

西元兩千年，貴州省岑鞏縣水尾鎮馬家寨發現陳圓圓墓，村民共一千餘口，皆尊陳圓圓為先祖，祭奠不絕，崇敬之情溢於言表。

對中國人來說，守拙藏鋒才意味著長久。

所以，我沖泡金絲藏香的時候，水肉非常輕柔。用蓋碗悶了一會兒，傾出軟玉紅香。香氣是濃郁的，但是隱忍。前前後後，香氣不絕，而且不會前期濃烈，末尾低迷。又泡了兩次，依然如初。

看那葉底，輕細柔嫩，你絕想不到其中蘊含了如此強大豐富的內質。腦海裡不知怎麼湧出兩個詞，恰好還能湊成一對兒——「上善若水，金絲藏香」。

九華佛茶：大願甘露

老茶是我鄭州的一個朋友，美術學院畢業，雖說後來沒成為藝術家，可是還挺文青的。有一天老茶拿來一款綠茶，我完全不知道是什麼茶。外形如松針挺直，連結又像佛手，綠意盎然，倒有幾分像龍形安吉白茶，可是聞起來完全不是一回事。這茶也是老茶的安徽茶友送的，說是以前的外形要好過今年。用水一沖，即刻舒展，顆顆直立，葉片翠綠泛白，香氣淡雅，湯色純淨，入口是很乾淨的淡然。

呀，原來是九華佛茶！

九華山是地藏菩薩的道場，而地藏王菩薩是我最為親近的一

位菩薩。漢傳佛教四大菩薩，其實彼此是一種相互印證：一位修行者，首先要有廣袤如大地的心願，還要有觀察世間百千萬種音聲、從而希望眾生離苦得樂的慈悲，這樣才能夠保持願力不會衰減。而要想能夠自度度他、救度眾生脫離輪迴，不僅僅要擁有妙吉祥的大智慧，更要有精進勇猛的身體力行，是以四菩薩以如此名號現世 —— 大願地藏、大悲觀音、大行普賢、大智文殊。

　　而地藏菩薩的一句誓言 ——「地獄不空，誓不成佛」，曾經讓我熱淚盈眶。不僅僅是地藏菩薩的願行令人感動，他更是代表了大地的一切特性。

　　每個人都應該熱愛大地。大地具有七種無上的功德：①能生，土地能生長一切生物、植物；②能攝，土地能攝一切生物，令其安住自然界中；③能載，土地能負載一切礦、植、動物，令其安住世界之中；④能藏，土地能含藏一切礦、植等物；⑤能持，土地能持一切萬物，令其生長；⑥能依，土地為一切萬物所依；⑦堅牢不動，土地堅實不可移動。而作為守護眾生的菩薩，地藏菩薩處於甚深靜慮之中，能夠含育化導一切眾生止於至善。

　　每一個想要覺悟的人，都應該深深地扎根於大地，觀察自然真實的變化，那就是在觀察自己的心靈。當他安忍不動如大

地之時，自性的光芒將純淨地升起，照耀寰宇。我看重茶、熱愛茶、敬仰茶，也是因為如此啊，茶是大地生長出的而又能代表大地的偉大植物。尤其是九華佛茶。它從地藏菩薩的慈悲中生長，帶來土地真正的芬芳，讓水如同甘露般純淨，讓我的心如大地般安寧。

喝罷九華佛茶，心境如同淨月輪空，清涼、清淨，安然、淡然。

老叢梨山：冷露無聲

新店忙著開業，全體籌備的同事各自忙亂。在鄭州租住的房，一早一晚、一出一進，腳步匆匆，從未留意周邊。這幾天突然有暗香隱隱，不離不棄，幽然隨行。縱是夜晚，趁著社區的燈光，看到幾棵金桂，肥葉油綠，星星點點，香氣透體柔然，想起王建的詩「冷露無聲溼桂花」，一時疲累暗消。

坐在沙發上，懶懶地不想動。還是找出一泡去年的老叢梨山。梨山地處臺灣南投縣最北端，與台中縣及花蓮縣交接，梨山茶也是高山茶，一般生長在海拔兩千四到兩千六百米之地，茶葉經過風霜雨雪的磨礪，品質優異，尤其是福壽山農場所產的茶更是臺灣茶中之名品。恰好，我這泡梨山茶就來自於福壽山。看乾茶顆粒緊結，暗沉有光，倒不是很大，尤其有些小粒，當是單片葉所揉。也許是我選的水的問題，沒有期待中的高揚香氣，反而幽靜沉

鬱。湯色倒是正黃中透著綠，因為是專做臺灣茶的茶友所送，我也知道他家在臺灣的幾處高山茶園，所以，不疑有他。品嚐幾口，水質帶澀，香氣優雅，不是俗豔，卻是高山上果樹林裡月夜般的冷香。也許更適合冷泡，我特意放冷一杯，再喝，果真甘甜順滑，香氣如果似蜜。

　　根據我個人的經驗，臺灣茶的香氣別走一路，確實出眾，不過水質偏薄，如果延長浸泡時間，並不是像一些茶友所說的絕無澀感、一有澀感就不是台茶，還是會有澀，不過苦感甚少。這種特點其實透過冷泡能夠很好地解決，所以在臺灣，冷泡尤為流行。我卻不喜歡冷泡，茶性本寒，加上冷水，寒上加寒。因為天熱加之現代人飲食燥性大，很多人還覺得喝冷泡茶很舒服，幾個月都沒什麼不良感覺。其實寒性已經暗暗透入血脈，血脈運行漸漸凝滯不暢，增加了很多寒邪內侵的病患，反而得不償失。

　　喝過梨山，再次證明我最喜歡的台茶還是杉林溪和大禹嶺。茶，要熱泡，才能出真味、況味，才能在慢慢溫涼之中感受人生變幻。

飲・合德

寧紅龍鬚茶：五彩絡出安寧世

我很久不喝寧紅了。寧紅是我小時候鼎鼎有名的紅茶，老人們都說：「先有寧紅，後有祁紅」。然而這幾年，在中國一片紅的氣氛裡，寧紅卻有點銷聲匿跡的感覺。說「鐘國一片紅」，是因為紅茶在中國所有產茶省份皆有出產，而且表現都不俗 —— 龍井可以做紅茶，就是九曲紅梅；閩紅出了金駿眉，一時間聲名赫赫；臺灣有紅玉，滋味、香氣皆為上品；川紅、英紅、宜紅、滇紅……各擅所長，各有特色；就連河南都出了信陽紅，成為紅茶

新貴。在這看不見硝煙的茶葉戰場上，江西的寧紅，真的是默默無聞了呢。

機緣巧合，得到茶友寄來的寧紅野生茶和龍鬚茶。寧紅野生茶的滋味我還算熟悉，唯一不同的就是金毫很少，倒和原來見到的不同。看到龍鬚茶我可是激動了，立刻決定把它封存作為標本保留。這可是歷史的見證啊。

其實龍鬚茶的外形很像小一號的普洱「把把茶」，根根直條，色澤烏黑油潤。而底部用白棉線緊紮，通體再用五彩絲線絡成網狀。早期寧紅也是出口產品，每一箱寧紅散茶約二十五公斤，第一批優質寧紅的箱子中，要用龍鬚茶蓋一層面，作為彩頭。而龍鬚茶的沖泡也和一般紅茶不同，更適宜用玻璃直筒杯或玻璃蓋碗，沖泡時，找到綵線頭，抽掉花線後放入杯中，此時整個龍鬚茶便在茶湯基部成束下沉，而芽葉朝上散開，宛若一朵鮮豔的菊花，若沉若浮，華麗明豔。

當茶葉越來越無法出塵，而被市場引導成為失掉特色、一窩蜂逐利而去的時候，能看到如此傳統的龍鬚茶，我的興奮可想而知。拍完照後，我把龍鬚茶包好，放進自己的茶葉櫃內。龍鬚茶產自江西修水，而修水元明清時皆稱為寧州，故而所產功夫紅茶為寧紅。不管歷史如何演變，人們對安寧和幸福的追求永遠都

不會變。我期望著在社會發展的同時，我們能夠保有自己的傳統，就像寧紅龍鬚茶一樣，默默地用五彩絲線結成對生活的祝願、對幸福的渴望。

奇蘭：蘭之猗猗，揚揚其香

我的一位朋友特別喜歡奇蘭，便送了我半斤。愛茶人就是這樣，自己喜歡的總想著去與友人分享。

我以前是沒有接觸過奇蘭的，趁著品飲，便也趕緊瞭解一些。奇蘭原產於廣東，但是送給我的據說是牛欄坑的，屬高山烏龍茶，因為帶有馥郁的蘭花香，故而有了這樣好聽的名字。而奇蘭種類也很多，有白芽奇蘭、金面奇蘭、早奇蘭、慢奇蘭、青心奇蘭、竹葉奇蘭等。白芽奇蘭以其芽上生有白絨而得名，是奇蘭中名氣最大的一種。

當天品飲的應該是傳統手法炭焙的奇蘭。外形緊結，色澤烏潤帶綠，湯色黃橙清亮，蘭花香氣濃郁，滑爽回甘，葉底帶紅色斑塊，較耐沖泡，但是水質略顯薄。

奇蘭的香和鐵觀音的感覺不一樣。鐵觀音的香高揚，但是新法製作的鐵觀音我總覺得青草氣息太重，香得不厚重、不雄渾，與焙火的岩茶那種火香的味道差距還是很大。奇蘭的香，在濃郁中帶著靈動，在高揚中帶著抑制，不沖鼻，卻綿長。

　　奇蘭的名字中帶個「蘭」字，倒是確實有蘭的神韻。蘭花有很多種，我看很多人的家裡都有蝴蝶蘭，在新加坡看到了很多萬代蘭，泰國也有不少石斛花，在中國也叫蘭花的，那些都是熱帶的蘭花，是張揚而豔麗的，我心目中的蘭花就是一種 —— 中國蘭。中國蘭是文人畫裡案頭的小品，柔韌彎曲帶弧形的葉條，花如蓮瓣，又似佛手，雅緻微張，香氣濃郁，但又輕靈飄忽，山風吹來，花氣襲人。實際上，蘭花並不柔弱，只是那一盆盆的盆栽已經失去了山川之氣的潤澤，才容易枯萎死亡。那些野生在山石間、森林中的蘭花，都是強壯的。我曾在蒼山之中人跡較少的山坡上偶然遇到一株蘭花，葉帶露珠，花朵搖曳，香氣縈繞不去，而當你認真去聞時，卻又難以捉摸。那種香氣配著山風松泉之氣，是放在室內的蘭花不可相比的。

飲・合德

蘭花的香在於山野而不在於嬌慣，茶葉的美在於水火之功而不在於香而無韻，所以我一直主張，制烏龍茶還是用傳統的製法展現焙火功夫的好。經過磨礪，能夠麵對粗糙的環境，才能成長為真正的自我。

奇蘭也許是茶中最得蘭花真髓的，做人呢？便也應該如此吧。一起分享一杯奇蘭吧。

杉林溪：不同桃李混芳塵

春天的訊息，在牆角偶爾伸展的一支桃枝上，在那飄零一地的粉白花瓣裡。春天的花，都充滿了軟玉溫香的春情 —— 桃花花色妖嬈燦爛，詩云：殘紅尚有三千樹，不及初開一朵鮮。賞花人之於桃花，彷彿尋歡者之於豔遇，只能圖個鮮，一次便要盡興。又有幾人情能久？梨花楚楚動人，清白孤冷，然而冷而不莊，易失高潔，反墮紅塵；杏花溫暖玲瓏，春意盎然，「芍藥婀娜李花俏，怎比我雨潤紅姿嬌」，《西遊記》裡的杏仙，算是妖裡既不討我們嫌，又沒怎麼讓唐僧怕的，不過愛它之餘，難免有輕浮之嘆；櫻花翻飛飄舞，淒美靈動，可是帶給人更大的絕望：那種無法拒絕和控制的慾望，除了死亡，任何方法都不能乾脆斷送。

在這本應該蠢蠢欲動的季節裡，靜謐的只有那密密蒼林。而臺灣南投阿里山的懷抱裡，杉木和著淺碧的溪水，裹住了四時不變的春意。

朋友的朋友從臺灣來大陸做生意，帶來一罐杉林溪。朋友又轉送給了我。江南何所寄？聊贈一枝春。我打開這罐春天，看到那綠而烏潤的半球，聞到的是安然而靜幽的冷香，濃郁中透著一絲絲杉木的清香。燒沸千島水，開我黃金甌，微揚清泉流，水花露凝香。這杉林溪的水啊，怎一個「蜜綠」了得！那透亮的清澈，綠色中帶著黃金，噴薄而出的樹木之香，如同高山杉林裡拂面而過的春風。這就是杉林溪茶的魅力了。它是臺灣茶裡少有的香氣和茶湯達到均衡的一款茶。杉林溪在臺灣南投竹山鎮，屬阿里山支脈，茶場的海拔在一千兩百米以上。這樣的高度決定了茶樹生長較慢，累積的內容物質就多，茶湯雖然清澈明淨，卻能保有良好的厚度，而香氣便也濃郁，還混合了山間那春櫻、夏鵑、秋楓、冬梅以及杉林的幽香，這是別的茶無法比擬的。

臺灣啊，什麼時候我能真正地去看那杉林溪的春？我想，這一天，應該不遠了吧？飲下茶碗裡的杉林溪，香醇悠然。

汀布拉：瘤影醉紅滿池香

　　一直不是很喜歡睡蓮，雖然她和蓮花是同種同屬。香遠益清、亭亭淨植，是蓮花特點很好的概括。睡蓮的花，沒有蓮花那麼豐滿含蓄，帶有佛性；睡蓮的葉，沒有荷葉那麼風舞韻致，綠意宛然。我一個作秀導的朋友也會畫很好的油畫，我要搬一間新的辦公室，他計劃畫一幅蓮花給我裝飾新的辦公室，問我想要什麼樣子的，說莫奈那幅著名的畫那種感覺很不錯。我直接說，不要睡蓮，我要的是蓮花！他反應了半小時，才明白我的意思。

　　其實我想想，也不是完全排斥睡蓮。在北京大董烤鴨店工作的期間，我租的房子在團結湖，家裡有三個花瓶。一瓶是臘梅，一瓶是水竹，還有一瓶原來常插的是百合，有時候也有雛菊，有一次花店裡這兩樣花都不新鮮，看見了紫色的睡蓮，就買了幾隻。紫睡蓮花每年只開七天，外面是帶有魅惑的紫色花瓣，中間有許多金色的花柱，裡面有一個含苞欲放的花蕊，只有在凋謝的前一刻才會張開。從我的內心裡，感覺紫睡蓮有著滅魔化佛的靈力，它沒有鳳凰涅槃的慘烈壯麗，卻有著立地成佛的徹悟。

　　望著花瓶裡的紫睡蓮，我突然想為它泡一壺茶。選來選去，拿出了斯里蘭卡汀布拉高地 Laxapana 茶園的 BP（切碎紅茶：Broken Pekoe）。汀布拉的茶更適合調製奶茶。打開封口，是淡淡的野玫瑰花的香氣，沒有中國紅茶那般濃郁的芬芳。細碎的茶粒，還可以看到金色的小茶梗，這是國外 CTC 製茶機器連切的結果。紅茶要用最新鮮的水才能激發無窮的內蘊，所以把瓶裝的

山泉加了一半自來水，為了讓水體裡的氧氣更豐富。燒沸的水浸潤紅茶大概三分鐘，留下了一杯紅豔的茶湯。香氣裡帶著苦澀，拿出準備好的牛奶沖了進去（記住一定是用奶加入茶，而不是用茶去沖奶）。試了幾回，都不夠融合，大約水和奶三比一的時候，香氣穩定了，奶茶柔和芬芳，嘴裡充滿了順滑的感覺。

給泡好的奶茶和一支紫睡蓮留了影，她依然收攏著花瓣。把花苞拿到鼻子前，聞到仿若淨土世界般的香氣。心中湧起一句話：「In me the tiger sniffs the rose」── 心有猛虎，細嗅薔薇。

飲・合德

昔歸茶：陌上花開緩緩歸

昔歸

接觸普洱茶以來，我自己喝過的茶不在少數。從山頭來說，我自己最喜歡的是蠻磚產的茶葉。可是，這不能阻擋我對「昔歸」這個詞的喜愛。我是那種看見美好的詞彙甚至一箇中國字就會著魔的人，雖然我知道「昔歸」大概是傣語用漢字的記音，但是這兩個字確實撥動了我的心弦。看到這兩個字，我腦海裡蹦出的第一句詩詞就是：「陌上花開，可緩緩歸矣。」

這句話是錢鏐說的。錢鏐大概是個英氣逼人的男子，因為他是五代吳越國的開國君主。這樣的君主，和享受祖先功勞的君王是不同的，應該武功卓絕、橫刀立馬；而他大概又是一個儒雅謙和的男子，因為據說他尊崇佛教，甚至推廣傳印了《大悲

陀羅尼神咒》，這殊勝的咒語及壇城圖案今日已經失傳。也有說就是後來的《大悲心陀羅尼神咒》——觀世音菩薩的法門，其實，重要的不是這陀羅尼，而是那個男人的發心。拋去這文治武功，可以肯定的是，他是一個深情款款的男子，因為他說過一句讓人心中充滿熱望、眼中飽含深情的話語：「陌上花開，可緩緩歸矣。」

　　這句話是他對他的「后」說的，這位女子居然仍然是他的原配。錢鏐的原配夫人戴氏王后，原本橫溪郎碧農家之女，半生隨錢鏐東征西戰，吳越國建國後，思鄉情切，每年都要歸鄉省親。錢鏐也是一個性情中人，最是念這個糟糠結髮之妻。戴氏回家住得久了，便要帶信給她：或是思念、或是問候，其中也有催促之意。又一年，戴氏歸家。錢鏐在杭州料理政事，一日走出宮門，卻見鳳凰山腳、西湖堤岸已是桃紅柳綠，萬紫千紅，想到與戴氏夫人已是多日不見，不免又生出幾分思念。回到宮中，便提筆寫上一封書信，雖則寥寥數語，但卻情真意切，細膩入微，其中有這麼一句：「陌上花開，可緩緩歸矣。」戴氏讀後，當即珠淚雙流，即刻動身返回杭州。

　　「陌上花開，可緩緩歸矣。」只是九個字，質樸平實，然而情愫之重令人幾難承受；「昔歸」，是兩個字，憶往昔，盼歸人，也如杜鵑啼血，情何以堪。更兼之，也許懷念的是那舊日的時光，那一瞬的花開、一瞬的花滅；一瞬的愛，一瞬的消散。可是，那是回不去的，才更讓人平添悵然。

　　所以，泡這壺茶的時候，我特別安靜。紫砂井欄小壺，白瓷蓮花品杯，帶著翠竹的公道，千島湖的泉水，我是不是也想營造幾分江南的神韻？傾出茶湯，香氣高揚，韻如蘭花，湯色皎然，月華瀉地。茶湯倒是像班章的感覺一般，雖沒那麼霸氣，可是苦底明顯，回味持久。水路特別細膩，澀感微而

不顯。這茶還真是配這個名字啊,原來盼歸就是這般的苦,卻也這般的久久心緒難平、月華如水,平靜得一如望過幾世的滄海桑田。

正山小種如朝雨

品正山小種,最適合夏初朝雨時分。

夏火流丹,榴花正好,朝雨傾灑,土氣泛新。空氣中瀰漫著林木溼潤的味道,一泡正山小種,帶著同樣的氣息,浸潤羈旅人的心。

我喜歡正山小種的煙氣。曾經有很多人喜歡它的香,四下瀰散,不加遮掩。我卻覺得正山小種的香還是隱忍低回的,雖然無處不在,可是伴了松煙深沉的陰影,並不是那種歡快的歌唱,而是孤獨的沉吟。正山小種的外形也不那麼張揚,褐潤中帶著遮遮掩掩的金,細看,卻有如鐵觀音般的砂點。

品正山小種,更好的是配了龔一先生的《渭城曲》。龔先生彈得和別人不同,帶著幾分散漫、閒適、無奈、淒清、寂寞……就是那麼一種特殊的雜糅,然而卻十分契合品正山小種的心境。

「渭城朝雨浥輕塵,客舍青青柳色新。勸君更進一杯酒,西出陽關無故人!芳草遍如茵。旨酒,旨酒,未飲心先已醇。載馳駰,載馳駰,何日言旋軒?能酌幾多巡!」古琴律動,音罩八方。抑揚頓挫之間,心思已經在天際遨遊,琴曲並不綿密,然

正山小種（煙桐木關）

而卻牢牢抓住你的心，琴弦停歇，心弦仍自起伏，然而不論什麼心緒放在天地之間時都覺得莫要執著，唯心歸於寂然。

故交離散，然而無論彼此身在何方，亦可遙敬一杯茶吧？振衣起身，茶湯已冷，揮散一室沉香。

紫鵑流光

茶聖陸羽曾言：「茶者，紫者上，綠者次；野者上，園者次；筍者上，牙者次；葉捲上，葉舒次。」

因而，茶葉中帶紫者皆為上品。陸羽一生愛茶學茶，他的評價來源於大量的實踐，還是非常值得採信的。所以，顧渚紫筍一直以來盛名不墜。這種茶葉中的「紫」，是生長的茶樹尤其是芽葉出現了部分紫色的變異，顧渚紫筍是，紫芽是，紫條亦是。

但，紫鵑不是。

因為陸羽終其一生，未涉足雲南，尤其對雲南喬木型茶樹基本未接觸，所以喬木茶裡的紫色品種，陸羽並不知曉。而紫鵑茶是雲南茶

飲・合德

科所透過不斷強化自然界紫色變異的茶樹,而最終產生的新的半喬木型茶種。紫鵑茶可以做到全葉皆紫,而且娟秀挺雋,故而得名。其名甚為貼切,世人評《紅樓夢》裡的丫鬟紫鵑「大愛而勞心」,紫鵑茶亦然。

為什麼這麼說?通常植物呈現紫色是其花青素含量偏高的緣故,比如藍莓、比如紫薯。花青素是一種很好的抗氧化劑,屬於黃酮類,雖然對健康來說它是很好的東西,但是在口感上來說,它呈現明顯的苦和澀。陸羽所處時代,茶的主流飲用方法還是菜茶飲法,而茶基本上都是綠茶,紅茶、烏龍、黑茶都未出現。因而陸羽所說紫茶為上,必然指茶生長期的一種狀況,當是帶有基於生長環境的推論性。陸羽還說,衝著陽光的山坡上又有適量林木遮擋下的茶樹品質最好。所以,陸羽所說的紫,其實是一種陽生植物葉片呈現的藍,這種藍色在芽葉或者葉片邊緣或者嫩的枝條上呈現一種近似紫的顏色。而有這種特徵的所謂紫茶又恰恰是生長環境比較適宜,品質也較好的茶,所以陸羽才說茶,紫為上,這是他對大量的自然樣本觀察的結果或者總結的規律。這個規律,顧渚紫筍、紫芽、紫條這些茶都是符合的,但是實際上,紫筍、紫芽、紫條的成茶都不帶紫色,不管是乾茶還是茶湯或是葉底,你都看不到紫色。

紫鵑不同,它的紫色是花青素的紫,也是真正意義上的紫。我在鄭州時,曾得到茶友太極兄贈我的樣茶,共有紫鵑烘青、紫鵑晒青和紫鵑紅茶、紫芽茶。我把紫鵑烘青和紫鵑晒青作了沖泡對比,這兩個茶樣的可比性更為明顯。

用水皆為淨月泉礦物質水，品飲時間前後不差半小時，故而海拔和品飲者身體狀況的影響都是相同的。唯一不同的是我沖泡晒青茶的水溫略高於沖泡烘青茶的水溫，出湯時間也長一些。紫鵑的特點在兩種茶中都一覽無遺 —— 真的是苦啊，而且有明顯的澀感，並且這種苦和澀轉化的並不能算快。紫鵑的烘青茶有很明顯的熟板栗香，倒是我沒想到的。通常烘青或半烘青都呈現蘭花香，比如顧渚紫筍、六安瓜片或者黃山毛峰，而紫鵑烘青不論茶湯、葉底都呈明顯的板栗香。紫鵑的晒青茶乾茶香氣好於一般當年的普洱，不是那種直白的青葉香，而是混了木香、果香的一種複合香氣。兩種茶都耐泡，為了品飲，我放大了置茶量，但是推測，兩種茶都可沖泡八泡以上而無水味。

紫鵑晒青

最好和最令人驚喜的是，紫鵑茶的湯色真的是那種淡淡的紫啊 —— 輕柔的、澄澈的、觸之即碎的紫，流光的紫，周邦彥《少年游》中挽留情人「直是少人行」那種含蓄的、帶著狡點的小愛情的紫。

飲・合德

急匆匆地品飲完紫鵑，看著兩款茶的葉底發呆，都是那般的靛藍。再次想到紫鵑「大愛而勞心」，覺得這茶還真是亦然，雖然較平常的茶更澀，可是花青素對於降壓和抗電腦輻射確實功效顯著，也是茶的勞心，也是茶對人類的大愛啊。

晚雲收，丹桂參差

《說文解字》上說「桂」字：「江南木，百藥之長。從木圭聲。」

許慎是個天才，從文字一脈別窺聖道，開創先河。不過這個「桂」，卻絕非只是「江南木」，作為木樨科植物的桂花，不僅遍佈川滇雲貴，就連中原的河南，也廣有種植。古人說桂花為百藥之長，所以用桂花釀製的酒能達到「飲之壽千歲」的功效。《本草綱目》記載：木樨花辛溫無毒，同百藥煎、孩兒茶做膏餅噙，生津辟臭，化痰，治療風蟲牙痛。同麻油煎，潤髮，及做面脂。《本草綱目拾遺》記載：桂花露，桂花蒸取，氣香，味微苦，明目

疏肝，止口臭。桂花香氣可以通天，又可以百搭，自然深得重視和喜愛。

　　另有一種「桂」不是木樨科的，卻一樣得人喜愛，就是肉桂。肉桂是樟科植物，一樣香氣高辛，且暖胃功效很強。外國人喜歡把肉桂研為粉末，灑在咖啡或者奶油之上，別有一種雋永的香氣。

　　最傳統的潮汕功夫茶，要用牛眼小杯，足焙火的烏龍茶，濃釀的一口，香氣雋永

　　肉桂、桂花都是香氣宜人，撫慰人心。還有一樣，和「桂」字沾邊，借了桂之名 —— 武夷岩茶中之名叢也。武夷岩茶裡有三種常見的名字帶有桂字的茶，一種叫丹桂，一種叫黃金桂，還有最著名的肉桂。望名生義，肉桂茶香氣像肉桂般辛銳高揚，牛欄坑產的肉桂茶品質甚佳，江湖之中簡稱「牛肉」是也。黃金桂，香氣似桂花，也是走的高香的路子。

飲・合德

今天，我們單說說丹桂。丹桂是福建省農業科學院茶葉研究所從武夷肉桂的天然雜交後代中，採用單株選種法育成的烏龍茶與綠茶兼製新品種。作為一個新品種，丹桂自然有它比較突出的特點。

丹桂對茶農來說，最大的優勢是早熟。在常年四月二十日前後可採製烏龍茶，與黃旦相近，分別比鐵觀音、肉桂早七天和十二天左右。對茶客來說，丹桂最大的好處是香，香得無遮無攔，但是香得有根基。丹桂適宜中焙火，香氣會演變成一種雜糅了桂花、肉桂、百草、林木、松風般的味道，讓你舒服極了而又描述不出。辭窮時，百爪撓心，卻有丹桂的香氣縈繞著，便不執著，單要這一口好茶香。

這個世界上，特點特別突出的東西，往往缺點也十分明顯。人有悲歡離合，月有陰晴圓缺，此事古難全。丹桂的茶湯，苦味甚重。如果重泡，其苦味之尾韻甚像黃連。那麼丹桂是好茶嗎？我倒覺得這苦味無妨丹桂的品質，就像用人，我們用的是人的特點，大凡有特點的人，都有些怪脾氣。用其所長，收束其心，事可成矣。沖泡丹桂，可以適當減少一到兩克乾茶投茶量，溫潤泡之後，第一泡即沖即出，以後每泡增加三至五秒即可，可以連續泡七到九遍。

　　丹桂的茶湯，色澤較一般中焙火岩茶深重，黃中帶紅豔，卻正應名中的「丹」字。如果伴著落霞沖泡一碗丹桂，嗅著可比桂樹之香，遙望蒼穹，心裡可能看見廣寒宮裡的桂影婆娑？待得幾泡之後，茶氣一通，嘴中回甘，通身舒爽，倒還真是回到「百藥之長」上去了。

人生大事，吃喝二字
美食與愛，都不可辜負！

作　　者：李韜

發 行 人：黃振庭

出 版 者：崧燁文化事業有限公司

發 行 者：崧燁文化事業有限公司

E-mail：sonbookservice@gmail.com

粉 絲 頁：https://www.facebook.com/
　　　　　sonbookss/

網　　址：https://sonbook.net/

地　　址：台北市中正區重慶南路一段六十一號八
　　　　　樓 815 室

Rm. 815, 8F., No.61, Sec. 1, Chongqing S. Rd.,
Zhongzheng Dist., Taipei City 100, Taiwan

電　　話：(02) 2370-3310

傳　　真：(02) 2388-1990

印　　刷：京峯彩色印刷有限公司（京峰數位）

律師顧問：廣華律師事務所 張珮琦律師

國家圖書館出版品預行編目資料

人生大事,吃喝二字:美食與愛,
都不可辜負!/ 李韜著 . -- 第一版 .
-- 臺北市 : 崧燁文化事業有限公司,
2022.02
　面;　公分
POD 版
ISBN 978-626-332-040-6(平裝)
1.CST: 飲食 2.CST: 文集
427.07　111000644

定　　價：580 元

發行日期：2022 年 02 月第一版

◎本書以 POD 印製

電子書購買

臉書